GLOSSOLOGIE BOTANIQUE

OU

VOCABULAIRE

DONNANT LA DÉFINITION DES MOTS TECHNIQUES
USITÉS DANS L'ENSEIGNEMENT ;

APPENDICE INDISPENSABLE

DES LIVRES ÉLÉMENTAIRES ET DES TRAITÉS DE BOTANIQUE

PAR

F. PLÉE,
Auteur des *Types des Familles des plantes de France* ;

OUVRAGE HONORÉ DE LA SOUSCRIPTION
DES MINISTÈRES DE L'INSTRUCTION PUBLIQUE, DE LA GUERRE ET DE LA MARINE ;
DES PRINCIPALES BIBLIOTHÈQUES DE FRANCE ET DE L'ÉTRANGER.

> La Botanique est plus aisée à apprendre que la nomenclature, qui n'en est que le langage.
> BUFFON.

A PARIS,
CHEZ J.-B. BAILLIÈRE,
LIBRAIRE DE L'ACADÉMIE IMPÉRIALE DE MÉDECINE,
RUE HAUTEFEUILLE, 19.
A LONDRES, CHEZ H. BAILLIÈRE, 219, REGENT-STREET.
A NEW-YORK, CHEZ H. BAILLIÈRE, 290, BROADWAY.
A MADRID, CHEZ CH. BAILLY-BAILLIÈRE, CALLE DEL PRINCIPE, 11.
1854.

plique qu'au fait prévu par la [illegible] 26 nov. 1840). Toute-
6 juin 1833, 20 fév. 1845; Paris, 6 juil. 1833, 26 nov. 1840). Toute-
fois ces arrêts, considérant que la première partie du même article
constitue une disposition réglementaire de police légalement publiée,
que dès lors son infraction motive, aux termes de la loi des 16 et
24 août 1790 et du droit général, l'application des peines de simple police, » appliquaient en effet ces peines.

Au contraire, la Cour de Paris, 26 mai 1837, 20 décembre 1843 affaire Mazurier et Moriset, 20 décembre 1844 affaire Thuillier (arrêt
confirmé par la Cour de Cassation le 20 janvier 1845), décidait qu'il
n'y avait aucune pénalité à prononcer, la loi de germinal ayant statué
sur la matière, et abrogé ainsi toutes les lois anciennes, et un règle-
ment de police ne pouvant suppléer au silence de la loi nouvelle.

D'un autre côté, quelles substances devait-on considérer comme vé-
néneuses? — C'était une opinion qui avait eu cours quelque temps,
mais qui avait été bientôt abandonnée, que la loi ne s'appliquait qu'aux
substances minérales et non aux substances végétales; et c'était d'après
cette opinion qu'une ordonnance de police, rendue le 9 nivôse an XII,
en exécution de la loi de germinal, avait publié la nomenclature des

soit d'impossibilit
vendre et de déliv
Paris, du 26 juill
sujet du rob Boive
voulait échapper à
posée au ministèr
pondu), on ne pou
de comparaison, l
que c'était à lui à
il ne pourrait exc
pourvoi, la Cour
pénal, qui puni
marchandise ver
tants de remèdes
voir s'en affranc
secret les moyen
recours pour vé

GLOSSOLOGIE BOTANIQUE.

Chez le même libraire :

Types de chaque famille et des principaux genres des plantes croissant spontanément en France ; exposition détaillée et complète de leurs caractères et de l'embryologie, par F. Plée.

LIVRAISONS PUBLIÉES JUSQU'A CE JOUR DANS L'ORDRE SUIVANT :

1. Saponaria officinalis.
2. Jasminum officinale.
3. Syringa vulgaris.
4. Ligustrum vulgare.
5. Ranunculus bulbosus.
6. Eranthis hyemalis.
7. Impatiens noli-tangere.
8. Viola odorata.
9. Primula officinalis,
10. Papaver Rhœas.
11. Chelidonium majus.
12. Berberis vulgaris.
13. Solanum Dulcamara.
14. Nicotiana rustica.
15. Physalis Alkekengi.
16. Anagallis phœnicea.
17. Delphinium Consolida.
18. Linum usitatissimum.
19. Campanula rotundifolia.
20. Narcissus pseudo-Narcissus.
21. Aristolochia clematitis.
22. Raphanus sativus.
23. Geranium sanguineum.
24. Calystegia sepium.
25. Daphne mezereum.
26. Arum vulgare.
27. Malva rotundifolia.
28. Vinca minor.
29. Oxalis acetosella.
30. Saxifraga granulata.
31. Fagopyrum esculentum.
32. Œnothera biennis.
33. Epilobium hirsutum.
34. Galanthus nivalis.
35. Rosa canina.
36. Nymphæa alba, pl. 1.
37. Id. alba, pl. 2.
38. Tulipa sylvestris.
39. Fritillaria Meleagris.
40. Gentiana pneumonanthe.
41. Muscari racemosum.
42. Bryonia dioica, pl. 1.
43. Id. dioica, pl. 2.
44. Philadelphus coronarius.
45. Amanita muscaria.
46. Merulius Cantharellus.
47. Merulius cornucopioides.
48. Iris pseudo-Acorus, pl. 1.
49. Id. -Acorus, pl. 2.
50. Agaricus procerus.
51. Helianthemum vulgare.
52. Corydalis lutea.
53. Glechoma hederacea.
54. Lythrum hyssopifolia.
55. Convolvulus arvensis.
56. Erythronium dens-canis.
57. Amanita Flandinia.
58. Polypodium vulgare
59. Hedera Helix, pl. 1.
60. Id. Helix, pl. 2.
61. Hepatica triloba.
62. Scyphophorus pixidatus.
63. Borrago officinalis.
64. Caltha palustris.
65. Alisma ranunculoides.
66. Centaurea cyanus.
67. Asparagus officinalis.
68. Sedum acre.
69. Boletus edulis.
70. Agaricus torminosus.
71. Polytrichum undulatum.
72. Tuber cibarium.
73. Ribes rubrum.
74. Cuscuta europæa.
75. Reseda lutea.
76. Buxus sempervirens.
77. Scilla bifolia.
78. Butomus umbellatus.
79. Hydrocharis morsus ranæ.
80. Hypericum humifusum.
81. Ruta graveolens.
82. Parnassia palustris.
83. Linaria Cymbalaria.
84. Heloscadium repens.
85. Statice maritima.
86. Sonchus oleraceus.
87. Acer pseudo-Platanus.
88. Salix purpurea.

Cet ouvrage est publié par livraisons in-4°, composées chacune d'une plante dessinée et peinte d'après nature, gravée et coloriée, accompagnée d'un texte descriptif et explicatif. — Prix de la livraison : 1 fr. 25 c.

Paris. — Imprimerie de L. Martinet, rue Mignon, 2.

GLOSSOLOGIE BOTANIQUE

OU

VOCABULAIRE

DONNANT LA DÉFINITION DES MOTS TECHNIQUES
USITÉS DANS L'ENSEIGNEMENT ;

APPENDICE INDISPENSABLE

DES LIVRES ÉLÉMENTAIRES ET DES TRAITÉS DE BOTANIQUE

PAR

F. PLÉE,
Auteur des Types des Familles des plantes de France ;

OUVRAGE HONORÉ DE LA SOUSCRIPTION
DES MINISTÈRES DE L'INSTRUCTION PUBLIQUE, DE LA GUERRE ET DE LA MARINE;
DES PRINCIPALES BIBLIOTHÈQUES DE FRANCE ET DE L'ÉTRANGER.

La Botanique est plus aisée à apprendre que la nomenclature, qui n'en est que le langage.
BUFFON.

A PARIS,
CHEZ J.-B. BAILLIÈRE,
LIBRAIRE DE L'ACADÉMIE IMPÉRIALE DE MÉDECINE,
RUE HAUTEFEUILLE, 19.

A LONDRES, CHEZ H. BAILLIÈRE, 219, REGENT-STREET.
A NEW-YORK, CHEZ H. BAILLIÈRE, 290, BROADWAY.
A MADRID, CHEZ CH. BAILLY-BAILLIÈRE, CALLE DEL PRINCIPE, 11.
1854.

PRÉFACE

Depuis bien longtemps on réclame contre la nomenclature effrayante de la Botanique, si bien définie sous le nom de *Terminologie*, dont le sens rigoureux signifie : Abus des termes. Buffon l'a dit le premier, « La botanique est plus aisée à apprendre que la nomenclature qui n'en est que le langage. » Et cependant, depuis Buffon, que de termes nouveaux sont venus obscurcir encore la science, au grand désespoir de celui qui n'a pour s'instruire que la nature, dans laquelle il ne sait pas lire, et quelques livres qu'il ne peut comprendre. Combien de personnes ont vainement demandé à la Botanique un délassement moral, l'oubli momentané des choses du monde, un tête-à-tête intime avec le Créateur! J.-J. Rousseau, Bernardin de Saint-Pierre, Chateaubriand, Goethe, ce glorieux génie de l'Allemagne, tous ces grands cœurs de poëtes réchauffés au foyer de la poésie sublime répandue sur les œuvres de la nature, lui ont dû leurs plus belles aspirations ; mais adorateurs dévoués, ils se sont prosternés humblement sur les marches du temple et n'ont pu s'approcher du sanctuaire ; l'initiation leur manquait, ils n'étaient que botanophiles. « Goethe, cependant, dont le vaste cerveau avait assez d'organes pour voir et comprendre la nature sous toutes ses faces, Goethe, ce *grand payen*, pour qui, à l'instar des philosophes grecs, Dieu c'est le monde, et chaque objet la manifestation d'un des attributs de l'Être éternel dont l'Océan et la tempête sont la voix, le Ciel bleu, le manteau, la plus humble fleur, l'insecte à peine visible, l'image de sa perfection infinie dans un espace infiniment petit [1], » Goethe, disons-nous, pénètre le mystère de la métamorphose des plantes qu'une rose prolifère lui avait révélé, et datait de Iéna, cet opuscule qui ouvrit la voie à de plus larges découvertes, comme déjà, dans l'antiquité, Hippon avait observé l'influence qu'exerce la culture sur la forme des végétaux.

Aujourd'hui la botanique fait divorce avec la poésie ; le scalpel à la main elle interroge, elle initie ; mais tandis que, d'une part, elle soulève à demi le bandeau, de l'autre, elle amoncèle les ronces scholastiques qui la dérobent à la multitude, et entourée de ce redoutable cortége, elle se drape de nouveau dans ses voiles ténébreux.

Eh bien, si pour arriver jusqu'à elle il faut marcher sur les ronces, marchons, quitte à se faire saigner un peu les pieds. N'est-on pas amplement dédommagé de sa fatigue lorsque, arrivé au sommet de la montagne, un horizon immense se déploie à nos regards, qu'une vie nouvelle se manifeste? Comme l'homme moral mesure avec orgueil la distance qui le sépare de la brute pour qui la vie, telle qu'il la comprend, se résume en trois mots, manger, boire, dormir!... Demandez aux Humboldt, aux Bonpland, derniers survivants de ces botanistes illustres, soldats lettrés, qui s'en allèrent par delà les mers parcourir d'immenses solitudes pour doter leur pays de végétaux précieux, lauriers pacifiques qui ne firent couler ni sang ni larmes ; demandez-leur s'ils ne mettent pas au-dessus de toutes les jouissances matérielles, mondaines, les impressions causées par le spectacle de

[1] *Œuvres d'histoire naturelle de Goethe*, traduites et annotées par le professeur Ch. Martins.

la nature, l'existence animée de ses productions; ou ces heures laborieuses passées dans le silence du cabinet, alors que l'esprit tendu sur un des points obscurs de la science, toutes les facultés viennent s'absorber dans la recherche ou la définition de l'infini? Ils vous répondront affirmativement par ma voix.

Étudiez donc la Botanique, jeunes hommes, elle instruit, elle moralise, elle inspire de nobles dévouements, étudiez-la dans tous ses livres pour vous en souvenir toujours Étudiez sa langue, puisqu'elle Est; c'est l'épine, c'est la ronce. C'est pour vous guider, pour vous aider dans son étude, pour soulager votre mémoire, que j'ai rassemblé et défini tous ses termes épars Et persévérez, car elle mène par tous les sentiers possibles vers un but souvent glorieux, toujours utile. Pour vous, surtout, qui aspirez à suivre la carrière qu'ont parcourue avec tant d'éclat les Haller, les Boerhaave, les Bichat, les Laënnec, les Broussais; pour vous surtout, la Botanique doit être plus qu'une science accessoire, car il n'est pas plus permis à un médecin d'ignorer l'histoire des végétaux qui entretiennent la vie, qui sauvent, qu'à un navigateur de ne pas connaître l'astronomie et la géographie. La garantie du public repose sur celle des capacités acquises, et de même « qu'un navigateur pourra servir glorieusement son pays en raison de ses connaissances étendues en astronomie, en géographie; de même le médecin agrandira sa renommée par ses connaissances en botanique. » Souvenez-vous que ce fut un médecin du XVIIe siècle, Adrien Helvétius, l'aïeul de l'auteur du livre de l'*Esprit*, qui introduisit l'un des principaux agents thérapeutiques, l'Ipécacuanha, dans la pratique des hôpitaux; et que cette découverte lui valut sa plus grande célébrité et les honneurs dont le combla Louis XIV. Son portrait, placé dans une des salles de l'Hôtel-Dieu, plus de cent ans après sa mort, témoigne assez qu'en France le souvenir des grands hommes est immortel!

La Botanique, généralement cultivée, prodiguera des enseignements précieux à l'industriel, à l'artiste, à l'agriculteur, à l'homme de lettres, au littérateur, dont elle enrichira le style d'images choisies, de descriptions élégantes et vraies. Pour l'homme du monde, elle sera bienfaisante, elle lui offrira le délassement du repos perpétuel, le remède à l'ennui. Elle inspirera le goût des pérégrinations lointaines vers les terres peu connues, où la moisson attend les moissonneurs. Enfin elle resserrera les liens de la confraternité humaine, car pour le Naturaliste, la patrie n'est point circonscrite par ces petites lignes diversement nuancées qui se sont tracées sur nos cartes, elle est bien plus vaste! sa patrie, c'est le monde!...

Paris, le 15 avril 1854

GLOSSOLOGIE BOTANIQUE.

A

Absorbants. S'applique aux organes qui absorbent les acides, l'humidité; les racines, les feuilles par exemple.

Absorption. Action physiologique par laquelle les racines, les feuilles absorbent, digèrent les fluides et les gaz qui se trouvent accumulés dans la terre et dans l'atmosphère.

Acanthacées. Famille de plantes à corolle irrégulière bilabiée, qui a pour type le genre *Acanthus*.

Accrescent. Se dit des organes qui s'accroissent après que les parties environnantes sont flétries. Pour exemple : le calice accrescent du *Physalis* ou Coqueret.

Accressible. Qui peut s'accroître.

Acéré. Se dit d'un corps terminé en pointe aiguë, acérée.

Acérinées. Famille de plantes dicotylédones à corolle polypétale, à fruit ailé nommé Samare, ayant pour type le genre Acer ou Erable.

Aciculaire. Qui a la forme d'une aiguille.

Aciculé. Terminé en aiguille; on dit aussi Sétacé. Les feuilles linéaires roides et aiguës se disent aciculées.

Acotylédones Plantes qui naissent sans embryon, par conséquent sans cotylédons; qui ne donnent point de graines, comme les Mousses, les Fougères, les Lichens, les Champignons, la Truffe, etc.

Acotylédonie. Première classe de la méthode naturelle de Jussieu, comprenant les plantes qui naissent sans cotylédons.

Acuminé. Terminé en pointe.

Acutangulé. A angles aigus. Tige acutangulée par opposition à la tige obtusangulée.

Adhérent. Faisant corps avec une ou plusieurs parties environnantes. On dit calice adhérent à l'ovaire lorsque son tube est soudé avec la substance de l'ovaire, et fait corps avec lui. Dans ce cas, le calice est supère, parce que ses divisions surmontent l'ovaire; et l'ovaire est infère.

Adné. Fixé immédiatement; qui fait suite, qui fait corps. On dit anthère adnée au filet quand le filet fait suite à l'anthère, comme dans les étamines des Renonculacées. Se dit aussi quand les deux loges de l'anthère sont unies sans corps intermédiaire, sans connectif.

Adventives. Se dit des racines surnuméraires.

Aériens. S'applique aux vaisseaux dans lesquels circulent l'air ou des fluides élastiques.

Agames. Végétaux cellulaires, polymorphes, aquatiques et terrestres, sans moyens de reproduction connus. L'une des deux divisions de la Cryptogamie de Linné.

Agamie. Première division des plantes cryptogames de Linné. Quelques auteurs ont scindé la cryptogamie en plantes agames et plantes cryptogames. Les agames sont : les Conferves, les Thalassiophytes, les Nostochs, les Champignons et les Lichens.

Agaric. Champignons charnus ou subéreux, à chapeau pédiculé ou sessile, garni en dessous de feuillets égaux ou inégaux, s'irradiant du centre à la circonférence, souvent voilés dans le jeune âge, et dont les sporules sont disséminées entre les feuillets.

Aggloméré. Réuni en masse. Se dit du pollen des Orchidées, des Asclépiadées.

Agglutiné. Réuni en masse pâteuse. Pollen visqueux.

Agrégé. Réuni en paquet sur un réceptacle commun. Fleurs agrégées en capitules, munies chacune d'un calice, et dont les étamines sont saillantes et libres : les Dipsacées, la Scabieuse.

Aigrette. Couronne de poils simples ou plumeux qui surmontent certaines graines, comme celle de l'*Epilobium hirsutum* et de certains fruits, tenant lieu dans ce dernier cas de divisions calicinales, comme dans les Composées.

Aigu. A angles aigus, ou terminé en pointe aiguë. Se dit des feuilles dont le sommet se termine insensiblement en pointe.

Aiguillon. Excroissance piquante n'adhérant qu'à l'écorce, comme dans le Rosier.

Aiguillonné. Qui est pourvu d'aiguillons, tiges, feuilles aiguillonnées.

Aile. Expansion membraneuse du limbe de la feuille sur le pétiole ou sur la tige ; et de certains fruits, comme ceux de l'Erable, de l'Orme. Pétales latéraux des Légumineuses papilionacées.

Ailé. Pourvu d'ailes comme la Samare ou fruit de l'Erable, de l'Orme. Tige ailée qui porte latéralement des appendices membraneux ou foliacés. Feuilles ailées, pennées.

Aisselle. Angle formé par la base d'une feuille ou d'un rameau avec la partie montante de la tige ou de ses divisions.

Akène. Fruit sec, monosperme, stigmatiphore, indéhiscent, à placentation suturale carpellaire. On dit aussi Carpelle.

Albumen. Nom donné par Gaertner au corps accessoire contenu dans la graine et qui fournit la première nourriture de l'embryon. On dit aussi Endosperme, mais plus particulièrement Périsperme.

Algues. Plantes marines, agames, divisées en deux grandes tribus : les Conferves et les Thalassiophytes composant la famille des Hydrophytes, qui forme le passage entre le règne animal et le règne végétal.

Alibile. Propre à la nutrition.

Aliforme. Qui a la forme d'une aile.

Alismacées. Famille de plantes monocotylédones dont le type est le genre *Alisma*.

Alternati-pennées. Feuilles pennées dont les folioles sont disposées alternativement sur le pétiole Commun.

Alterne. Placé alternativement, dans un sens opposé, et non vis-à-vis. Feuilles alternes. Se dit aussi des étamines lorsqu'elles sont insérées entre les pétales, et des pétales lorsqu'ils sont placés entre les divisions du calice. On dit dans ces cas : étamines alternes avec les pétales, pétales alternes avec les divisions du calice.

Alvéolé. Creusé de petites niches semblables aux alvéoles ; on dit : réceptacle alvéolé, comme dans beaucoup de Composés.

Amande. Partie intérieure de la graine qui se trouve immédiatement sous le spermoderme ou peau de la graine. Le périsperme et l'embryon constituent l'amande, ou l'embryon seul, quand le périsperme manque.

Amanite. Champignons ayant le port des Agarics, mais dont le chapeau est souvent marqué de verrues sur sa surface. Leur pédicule est entouré à sa partie supérieure d'une collerette finalement rabattue, qui recouvre les feuillets dans l'enfance de la plante. Leur caractère distinctif réside principalement dans la présence du volva ou bourse qui enveloppe la base de leur pédicule bulbeux, et dans lequel le Champignon est primitivement renfermé.

Amaranthacées. Famille de plantes dicotylédones, périgonées, ayant pour type le genre *Amaranthus*, dont les fleurs sont monoïques.

Amentacées. Ancienne famille de plantes dicotylédones, démembrée.

Amnios. Petit sac celluleux de l'ovule, rempli d'un liquide mucilagineux dans lequel flotte l'embryon immédiatement après la fécondation.

Amomées. Famille de plantes monocotylédones, à racine ordinairement tubéreuse, et dont le port est à peu près semblable aux Orchidées.

Amorphe. Qui n'a point de forme.

Ampélidées. Famille de plantes dicotylédones qui comprend le genre *Vitis* ou vigne.

Amphitrope. Mot créé par Claude Richard pour désigner un embryon dont les extrémités cotylédonaire et radiculaire se rapprochent vers le hile, comme dans les Caryophyllées.

Amplexicaule. Se dit des feuilles sessiles, c'est-à-dire sans pétiole, dont la base entoure la tige dans toute sa circonférence. On nomme semi-amplexicaules celles qui n'embrassent la tige qu'à moitié.

Anatomie végétale. Partie de la Botanique qui a pour objet la recherche de la structure intime des végétaux.

Ancipité. Se dit d'un organe épaissi au milieu, aminci et tranchant sur les bords.

Andre. Synonyme d'Etamine.

Androcée. Ensemble des Etamines. Mot créé par Dunal.

Androgyne. Fleur hermaphrodite, c'est-à-dire qui renferme des étamines et un pistil. S'applique aussi aux fleurs monoïques.

Androphore. Réunion de filets d'étamine soudés en un ou plusieurs corps. On nomme les étamines qui offrent ce caractère : monadelphes, diadelphes, polyadelphes, selon le nombre d'androphores.

Angule. Se dit d'une tige anguleuse dont les angles ou les lignes saillantes, verticales, sont en nombre déterminé.

Anguleux. Qui porte des angles. Tige anguleuse, fruit anguleux, feuilles anguleuses marquées de parties saillantes et de sinus rentrants.

Annuel. Qui ne vit qu'une année.

Anomal. Irrégulier. Fleurs irrégulières, de formes diverses, qu'il est impossible de décrire et de comparer. Par exemple, la Violette, le Delphinium ou Pied-d'Alouette. Ce qui est en dehors des lois naturelles. Onzième classe de la Méthode de Tournefort, comprenant les plantes dont les fleurs sont polypétales et irrégulières.

Anonacées. Famille de plantes dicotylédones, à corolle polypétale, ayant pour type le genre *Anona*.

Anthère. Partie supérieure et constituante de l'étamine. L'anthère se compose ordinairement de deux loges unies ensemble ou séparées par un corps intermédiaire nommé connectif, et du Pollen, poussière fécondante contenue dans les loges.

Anthèse. Epanouissement de la fleur.

Anthode. Assemblage hémisphérique ou globuleux de fleurs composées ou agrégées, réunies sur un réceptacle commun. On dit de préférence capitule ou calathide. Les Synanthérées ou Composées, les Dipsacées, les Globulariées, présentent ce mode d'inflorescence.

Antitrope. Mot créé par Claude Richard pour désigner un embryon dont les cotylédons correspondent au hile.

Apétale. Fleurs privées de pétales, comme les Graminées, les Salicinées. Quinzième classe de la Méthode de Tournefort. Plantes dépourvues d'organes sexuels apparents ; Acotylédones de Jussieu, Cryptogames de Linné. Seizième classe de la Méthode de Tournefort.

Apétalie. Cinquième, sixième et septième classes de la Méthode de Jussieu, comprenant les plantes à fleurs sans pétales, à insertion différente.

Aphylle. Sans feuilles ; tige aphylle, nue.

Apicifixe. Se dit de l'anthère quand le point d'attache du filet est situé à son sommet.

Apicilaire. Fixé au sommet ; placenta apicilaire fixé au sommet de l'ovaire, l'opposé de basilaire.

Apiculé. Terminé en pointe brève, molle ; pétale apiculé.

Apocynées. Famille de plantes dicotylédones dont le genre type est *Vinca* ou Pervenche.

Apothétions. Conceptacles qui renferment les sporules dans les Lichénées, comme dans le *Lichen syphophorus pixidatus.*

Appendice. Prolongement, partie accessoire.

Appendiculé. Muni d'appendices. Anthère couronnée d'appendices de forme variable ; corolle appendiculée, éperonnée, comme la Violette, la Balsamine, les Delphinium, etc.

Apprimé. Feuille apprimée dont le limbe est serré contre la tige.

Aquatiques. Plantes qui naissent dans les lieux humides, inondés, aquatiques ; dans les marais, les étangs, les fossés, les rivières.

Aquifoliacées. Famille de plantes dicotylédones, qui comprend le Houx, genre *Ilex*.

Arachnoïde. Fin comme un fil d'araignée.

Aranéeux. De la nature du fil d'araignée, sa ténuité.

Arbre. Plante ligneuse, à tronc simple et nu inférieurement, ramifié à sa partie supérieure. Les plus grands végétaux, comme le Marronnier d'Inde, le Noyer, les Erables, le Platane.

Arbrisseau. Plante ligneuse, sans tronc, ramifiée dès sa base, portant des bourgeons. Exemple : le Lilas, l'Eglantier, l'Aubépine.

Arbuste. Plante ligneuse, ramifiée dès sa base, sans bourgeons.

Arête. Pointe allongée qui termine un corps ; barbe de l'épi du Seigle.

Arille. Expansion du placenta recouvrant parfois la graine et formant une enveloppe externe ; comme la graine des *Oxalis*.

Arillée. Se dit d'une graine recouverte par une arille.

Aristé. Terminé en arête.

Aristolochiées. Famille de plantes dicotylédones, comprenant les Aristoloches, genre *Aristolochia*.

Armure. Epines, aiguillons qui arment une plante.

Aroïdées. Famille de plantes monocotylédones, ayant pour type le genre *Arum*.

Arqué. Courbé en demi-cercle, en arc.

Arrondi. Orbiculaire.

Articulations. Jonction des parties bout-à-bout ; gonflement, nœud.

Articulé. A articulations superposées. Tige articulée, pétiole articulé comme dans les feuilles composées de quelques Légumineuses.

Ascendant. Courbé à la base, dressé à la partie supérieure ; tige ascendante qui se redresse ; direction ascendante des graines sur le placenta.

Asclépiadées. Famille de plantes dicotylédones, ayant pour type le genre *Asclepias*.

Asparaginées. Famille de plantes monocotylédones, ayant pour type le genre *Asparagus* ou Asperge.

Aspergilliforme. Se dit des poils disposés en goupillon.

Atténué. Aminci en diminuant insensiblement de largeur.

Aubier. Ceinture de bois poreux et imparfait, ordinairement blanc, qui se trouve immédiatement sous l'écorce et qui recouvre le bois parfait.

Aurantiacées. Famille de plantes dicotylédones, qui comprend les Orangers, Citroniers, Limoniers et autres végétaux exotiques.

Auricule. Lobe en forme d'oreille.

Auriculé. Feuille terminée à sa base en deux lobes, qui ont la forme d'oreillettes. On dit : feuille auriculée.

Automnales. On nomme ainsi les plantes qui naissent depuis septembre jusqu'à décembre.

Axe. Ligne idéale qui traverse l'ovaire ; corps cylindrique, solide, vertical, qui fait suite au pédoncule et traverse l'ovaire dans sa longueur, portant les ovules dans les fruits à placentation columellaire. Dans ce cas, on le nomme Columelle.

Axillaire. Qui naît à l'aisselle des feuilles ; rameaux, fleurs axillaires.

B

Baccifère. Fruit de la nature de la baie.

Bacciforme. En forme de baie, de sa nature.

Baie. Fruit charnu, succulent à maturité, indéhiscent, comme la Groseille, l'Epine-Vinette, le Raisin.

Balanophorées. Famille de plantes monocotylédones, parasites, ayant pour type le genre *Balanophora*.

Balauste. Fruit charnu du Grenadier, couronné par les dents du calice.

Bâle. Voyez *Glume*.

Balsaminées. Famille de plantes dicotylédones dont les Balsamines forment le genre type *Balsamina*.

Bandelettes. Canaux verticaux souvent colorés, qui rampent dans les intervalles déprimés nommés vallécules, qui séparent les côtes principales du fruit des Ombellifères.

Barbe ou **Arête**. Filet grêle qui surmonte la glume, ou enveloppe extérieure de la fleur, dans un certain nombre de Graminées.

Base. Partie inférieure d'une plante et de tous ses organes, indiquée par des caractères différents. La base d'un fruit est le point qui est fixé au pédoncule, ou immédiatement à la tige, ou aux rameaux, si le fruit est sessile. La base d'une feuille est le pétiole, ou lorsque le pétiole manque son point d'insertion à la tige.

Basilaire. Qui est fixé à la base d'un organe. On dit que le placenta est basilaire lorsqu'il est fixé à la base de l'ovaire.

Basinerve. Se dit des feuilles dont les nervures partent de la base et se dirigent vers le sommet sans se ramifier.

Bec. Terminé en pointe recourbée, en bec.

Berbéridées. Famille de plantes dicotylédones ayant pour type le genre *Berberis*.

Bétulinées. Famille de plantes dicotylédones à fleurs unisexuées, comprenant le genre *Aulnus* ou Aulne, et le genre type *Betula* ou Bouleau.

Bi. Synonyme du nombre deux.

Bicorne. A deux cornes; anthères bicornes, appendiculées.

Bidenté. A deux dents.

Bifide. A deux divisions.

Biflore. Qui porte deux fleurs.

Bifurqué. Dichotome, fourchu, en forme de fourche à deux dents. On dit : tige bifurquée.

Bigéminé. Se dit d'une feuille décomposée dont les folioles secondaires portent deux folioles.

Bignoniacées. Famille de plantes dicotylédones dont la tige est ordinairement sarmenteuse et vrillée.

Bijuguées. Se dit des feuilles oppositi-pennées, nommées aussi conjuguées, qui se composent de deux paires de folioles.

Bilabié. Calice ou corolle à deux lèvres, comme dans la famille des Labiées.

Bilamellé. Formé de deux lames ou lamelles.

Bilatéral. Attaché, fixé à deux points latéraux.

Bilobé. A deux lobes ; pétale, stigmate, placenta à deux lobes.

Biloculaire. A deux loges, ovaire, anthère à deux loges.

Bipaléolé. A deux paléoles ou paillettes.

Biparti. Divisé profondément en deux parties.

Bipartible. Qui peut se diviser en deux parties longitudinales très profondes.

Bipennées. Se dit des feuilles deux fois pennées, à pétioles secondaires latéraux.

Bipinnatifides. Feuilles dont les lobes profondément divisés se divisent une seconde fois.

Bisanuelle. Plante qui vit deux années; les plantes bisanuelles ne portent que des feuilles la première année, fleurissent et fructifient la seconde année et meurent.

Bisérié. Disposé en deux séries; calice à deux rangs de folioles, ovules bisériés disposés sur deux rangs, feuilles imbriquées sur deux rangées longitudinales.

Bisexuelle Fleur hermaphrodite réunissant les deux sexes, c'est-à-dire qui portent des étamines et un pistil.

Biterné. Feuille décomposée dont le pétiole commun porte deux pétioles secondaires supportant chacun trois folioles.

Bivalve. Qui s'ouvre en deux valves; fruit déhiscent en deux valves, comme la capsule du Lilas, de la Gentiane.

Blaste. Partie de l'embryon des Graminées, qui doit se développer par la germination.

Bois. Substance dure et compacte des arbres formée de vaisseaux poreux, de fausses trachées; bois parfait, composé de couches circulaires situées entre l'aubier et l'étui médullaire qui occupe le centre du tronc et des tiges.

Bombacées. Famille de plantes dicotylédones créée par Kunth aux dépens des Malvacées de Jussieu ; elle ne comprend que des végétaux exotiques.

Borraginées. Famille de plantes dicotylédones ayant pour type le genre *Borrago* ou Bourrache. Elle comprend un certain nombre d'espèces indigènes, telles que les *Anchusa*, les *Myosotis*, les *Heliotropium*. L'Héliotrope odorant est originaire du Pérou. L'espèce indigène, l'*Heliotropium europæum* est sans odeur.

Botanique. Science qui a pour objet l'étude des végétaux. Elle se divise en trois branches, dont la première comprend la Glossologie, la Taxonomie et la Phytographie. La seconde, ou Physique végétale, comprend l'Organographie, la Physiologie végétale et la Pathologie végétale. La troisième se divise en Botanique agricole, Botanique médicale et Botanique économique et industrielle.

Bourgeon. Bouton de feuilles ou de fleurs.

Bouton. Se dit plus particulièrement de la fleur avant son épanouissement.

Bouture. Branche garnie de boutons, séparée de la plante et enfoncée dans la terre; rejeton.

Bractée. Petites feuilles colorées qui naissent près de la fleur.

Bractéole. Petite bractée.

Bractéolé. Ce qui est accompagné de nombreuses et petites bractées.

Broméliacées. Famille de plantes monocotylédones vivaces et parasites.

Bruniacées. Famille de plantes dicotylédones, composée d'arbustes assez semblables aux Bruyères, originaires du cap de Bonne-Espérance.

Bulbe. Bourgeon souterrain couvert d'écailles charnues à l'intérieur, ou de tuniques emboîtées, ou paraissant formé d'une substance solide, donnant naissance à la tige et supporté souvent par un plateau charnu d'où partent les racines. Le Bulbe est propre aux plantes monocotylédones; on en distingue de trois sortes: le Bulbe écailleux, comme le Lis; le Bulbe en tunique, comme l'Oignon, et le Bulbe solide, dont les écailles sont confondues en une masse charnue, sans plateau, comme le Colchique. Partie inférieure renflée du pédicule des Amanites et de quelques Agarics.

Bulbeux. Qui porte un bulbe. On dit : plantes bulbeuses, tige bulbeuse, Champignons bulbeux.

Bulbifère. Racine surmontée d'un bulbe.

Bulbille. Petit bourgeon tubéreux ou écailleux, prenant naissance sur différentes parties de la plante, près du bulbe, dans l'aisselle des feuilles, parmi les fleurs ou les remplaçant parfois, comme dans le genre *Allium*. On nomme vivipares les plantes qui en sont pourvues; on nomme aussi bulbilles les sporules ou corps reproducteurs des cryptogames.

Butomées. Famille de plantes monocotylédones à placentation pariétale, ayant pour type le genre *Butomus* dont le représentant indigène est le *Butomus umbellatus*, belle plante aquatique.

Buxinées. Nouvelle famille de plantes dicotylédones, fondée par F. Plée aux dépens de celle des Euphorbiacées de Jussieu.

Byttnériacées. Famille de plantes dicotylédones, démembrement des Malvacées; elle comprend le Cacao.

C

Cabombées. Famille de plantes monocotylédones, vivant dans les eaux douces.

Caduc. Qui tombe avant le temps; feuilles caduques qui tombent peu de temps après leur naissance; calice qui tombe aussitôt après l'épanouissement de la corolle.

Caïeux. Petits bulbes réunis sous une même enveloppe; bulbilles.

Calathide. Réunion de petites fleurs sur un réceptacle commun entouré d'un involucre, comme dans les Composées. On dit aussi Anthode et Capitule.

Calice. Partie ordinairement herbacée qui entoure extérieurement la fleur. On nomme calice monosépale celui qui est formé d'une seule pièce, et polysépale celui qui est divisé en plusieurs parties.

Calicinal. Qui a rapport au calice, qui en tient lieu. On dit: involucre calicinal, divisions calicinales.

Calicule. Calice double; les divisions extérieures.

Calleux. Qui est couvert de callosités.

Cambium. Fluide visqueux; sève épaissie et préparée à former une couche d'aubier; sève descendante et élaborée.

Campaniforme. Corolle en cloche. Première classe de la Méthode de Tournefort, comprenant les plantes herbacées à corolle monopétale en cloche.

Campanulacées. Famille de plantes dicotylédones ayant pour type le genre *Campanula* ou Campanule.

Campanulaire. Se dit du calice polysépale qui peut présenter une forme campanulée.

Campanulé. Calice ou corolle évasés en forme de cloche.

Campylosperme. Se dit du fruit des Ombellifères lorsque la face commissurale est concave.

Canal. Partie creusée en gouttière; style creusé intérieurement d'un canal; étui ou canal médullaire qui occupe le centre de la tige des végétaux.

Canaliculé. Creusé verticalement en gouttière, pétiole canaliculé.

Cancellées. Feuilles dépourvues de parenchyme et dont les nervures très anastomosées présentent une sorte de treillage.

Cannelé. Gravé de sillons longitudinaux, parallèles, formant des cannelures.

Cannelure. Sillons verticaux rapprochés les uns des autres.

Capillaire. De la ténuité d'un cheveu.

Capité. En tête; stigmate globuleux.

Capitule ou Glomérule. Fleurs réunies en tête; inflorescence.

Capsulaire. Se dit d'un fruit sec de la nature de la capsule.

Capsule. Fruit sec à maturité contenant plus ou moins de graines, et ordinairement déhiscent.

Carcérule. Nom donné par M. Desvaux au fruit sec pluriloculaire du Tilleul.

Carène. Pétales inférieurs plus ou moins soudés de la corolle des Légumineuses papilionacées, imitant la carène d'un vaisseau.

Caréné. Pétale qui a la forme d'une carène.

Caroncule. Appendice de formes diverses, qui avoisine l'ombilic de certaines graines, comme celles de la Chélidoine; hétérovule Raspail.

Caronculée. Se dit d'une graine appendiculée d'une caroncule.

Carpellaire. Se dit d'un fruit pour désigner sa nature et ses caractères. On dit : fruit carpellaire. S'applique surtout au mode de placentation carpellaire suturale.

Carpelle. Fruit sec à maturité, monosperme, indéhiscent, à placentation suturale carpellaire. On dit encore quelquefois : akène. Pour quelques auteurs : chaque loge d'un fruit.

Carpophore. Columelle.

Carrée. S'applique à la tige à quatre angles et quatre faces égaux.

Cartacée. De la texture du parchemin.

Cartilagineux. De la nature du cartilage, tenace et flexible; périsperme parfois cartilagineux.

Caryophyllées. Famille de plantes dicotylédones, dans laquelle sont classés l'Œillet, la Saponaire. Huitième classe de la Méthode de Tournefort.

Caryopse. Fruit sec, très mince, auquel adhère la graine, monosperme, indéhiscent, propre aux Graminées.

Casque. Partie supérieure de quelques fleurs à corolle irrégulière, notamment de la fleur des Orchidées.

Cassante. Se dit d'une tige fragile comme celle de la Balsamine.

Caudex. On nomme Caudex ascendant l'extrémité supérieure de l'embryon constituée par la gemmule qui s'élève, et Caudex descendant l'extrémité radiculaire qui s'enfonce dans la terre.

Caule. Tige.

Caulescent. Qui porte une tige.

Caulinaires. Se dit des feuilles insérées sur le trajet de la tige.

Cavité. S'applique à un corps creux; partie intérieure, creuse de l'ovaire. On dit : cavité ovarienne.

Célastrinées. Famille de plantes dicotylédones, ayant pour type indigène le genre *Evonymus* ou Fusain.

Cellulaire. Qui a rapport aux cellules; tissu cellulaire des végétaux formé de cellules accolées que l'on peut isoler.

Cellule. Vésicule ou utricule formant, par la réunion d'un grand nombre, le tissu cellulaire des végétaux.

Chagriné. Dont la surface est parsemée de grains; s'applique souvent au spermoderme, ou peau de la graine, lorsqu'il offre quelque ressemblance avec la peau de chagrin.

Chalaze. Point de l'ovule où aboutit le raphé ; ombilic interne.

Champignons. Plantes agames polymorphes. Les Agarics, les Bolets, la Truffe, les Morilles sont des Champignons.

Chapeau. Partie supérieure charnue, souvent convexe des Amanites, des Agarics, des Bolets et d'un grand nombre d'autres Champignons.

Chapelet. Se dit de la forme des vaisseaux poreux ou ponctués qui se trouvent aux divers points de jonction des végétaux.

Characées. Famille de plantes acotylédones, aquatiques et submergées, ayant pour type le genre *Chara.*

Charnu. Epais, parenchymateux, succulent; fruit charnu dont le sarcocarpe est épais; périsperme charnu, moins dur que le périsperme corné qui se délaie plus facilement par l'humidité; tiges, feuilles charnues, parenchymateuses, remplies de sucs.

Chaton. Pédoncule commun portant des fleurs unisexuées; mode d'inflorescence.

Chaume. Tige ordinairement simple, fistuleuse, noueuse, propre aux Graminées, aux Cypéracées, aux Jones.

Chénopodées. Famille de plantes dicotylédones dans laquelle viennent se ranger la Betterave, la Poirée, l'Epinard.

Chevelu. Partie fibreuse de la racine dont les filets capillaires sont très rameux et très déliés.

Chicoracées. L'une des trois tribus de la famille des Composées ou Synanthérées, dont les capitules sont entièrement composés de fleurs dont la corolle est déjetée en languette, demi-fleurons. Semi-flosculeuses de Tournefort.

Chiffonné. Plissé. Pétales chiffonnés dans le bouton, comme le Coquelicot, les Hélianthèmes.

Chlénacées. Petite famille de plantes dicotylédones, composée d'arbrisseaux propres à l'île de Madagascar

Chlorophylle. Matière verte du tissu cellulaire.

Chorion. Nom donné par Malpighi à la membrane épaisse et celluleuse qui enveloppe le sac amniotique dans lequel flotte l'embryon.

Chromule. Mot créé par De Candolle pour désigner les petits corpuscules ordinairement verts qui colorent le tissu cellulaire de toutes les parties des végétaux.

Chylifères Se dit des vaisseaux en spirale dans lesquels circule un fluide aqueux.

Cilié. Ce qui est bordé de poils droits, sériés ; de cils.

Cils. Poils parallèles qui bordent ; feuilles, sépales, pétales ciliés.

Circiné. Roulé en crosse.

Cirriforme. En forme de vrille.

Cistinées. Famille de plantes dicotylédones, qui comprend les *Cistus*, genre type, et les *Helianthemum*.

Classe. Réunion d'un nombre plus ou moins considérable de familles dont les caractères principaux sont identiques ; second ordre de classification.

Claviforme. En forme de massue.

Clinanthe. Réceptacle sur lequel sont insérées les fleurs des Composées ou Synanthérées. On dit aussi Phorante.

Cloche. Corolle ou calice en cloche, campanulés.

Cloison. Lame formée par l'expansion du sarcocarpe ou de la columelle qui divise la cavité de l'ovaire en deux ou plusieurs loges selon le nombre de lames ou cloisons. On nomme fausses-cloisons les placentas pariétaux qui s'avancent jusqu'à l'axe, et les diaphragmes des fruits ou gousses de la famille des Légumineuses.

Clostres. Petits tubes opaques, fusiformes, du tissu allongé, qui abondent dans le tissu ligneux.

Coalescence. Soudure des filets d'étamines et du style en un seul corps.

Coiffe. Partie supérieure de la membrane qui enveloppe primitivement l'urne des Mousses, qui persiste et recouvre le sommet de l'urne.

Colchicacées. Famille de plantes monocotylédones ayant pour type le genre *Colchicum* ou Colchique.

Coléoptile. Enveloppe mince qui recouvre parfois la gemmule ou plumule de l'embryon.

Coléoptilée. S'applique à la gemmule lorsqu'elle est entourée d'une coléoptile.

Coléorhize Enveloppe de la radicule de l'embryon monocotylédon, qui se perce par l'effet de la germination pour donner passage aux tubercules radicellaires.

Coléorhizée. Se dit de la radicule de l'embryon monocotylédon entourée d'une coléorhize.

Collerette. Se dit d'un involucre qui entoure une fleur sessile comme celle de l'*Éranthis hyemalis*. Membrane de la nature de la peau qui recouvre d'abord les feuillets des Amanites et retombe ensuite sur le pédicule en forme de collerette.

Collet ou Nœud vital. Partie supérieure, intermédiaire de la racine et de la tige ; partie d'où naît le bourgeon de la tige annuelle dans les plantes à racine vivace.

Collier. Membrane qui recouvre les feuillets d'un grand nombre d'Agarics pendant leur enfance ; collier persistant, fixe ou mobile, aranéeux. On dit aussi : Anneau, quand il est persistant et mobile.

Collure. Petit appendice membraneux qui accompagne le collet de la gaine des Graminées.

Coloré. Tout ce qui n'est pas vert. Un pétale blanc est coloré.

Columelle. Axe matériel faisant suite au pédoncule, qui traverse le fruit dans sa longueur, et sur lequel sont fixés les ovules dans les fruits à placentation columellaire ; faisceau de vaisseaux nourriciers et pistillaires. On nomme fausse columelle l'axe formé par la rencontre des cloisons dans certains fruits de quelques Saxifragées et Hypéricinées, par exemple.

Combrétacées. Famille de plantes dicotylédones ayant pour type le genre *Combretum*.

Commélinées. Famille de plantes monocotylédones, herbacées, à racine formée de tubercules charnus, à fleurs nues ou enveloppées d'une spathe herbacée

Commissure. Face interne de la loge, qui s'applique à la columelle dans le fruit des Ombellifères; le point où deux parties se réunissent, se soudent. On dit : commissure des valves.

Commun. Qui appartient à plusieurs, ou qui supporte plusieurs; réceptacle commun sur lequel sont insérées un grand nombre de fleurs, comme dans les Composées ; pétiole commun, qui supporte plusieurs folioles ; pédoncule commun, qui supporte plusieurs fleurs, chaton.

Complète. S'applique à la fleur à laquelle il ne manque aucune de ses parties, c'est-à-dire qui est munie d'un calice, d'une corolle, d'étamines et d'un pistil.

Composé. Formé de plusieurs ; ovaire composé ou multiple, réunion dans une même fleur d'un certain nombre d'ovaires supportés par un gynophore, comme dans le fruit des Renoncules ; le cône est le fruit composé des Conifères.

Composée. Feuille composée d'un certain nombre de folioles libres, supportées par un pétiole commun, comme dans le Rosier, le Trèfle.

Composées Famille de plantes dicotylédones dont les fleurs, petites et nombreuses, sont réunies en capitule, sur un réceptacle commun. On dit aussi : Synanthérées, le Bleuet.

Comprimé Aplati ; ovaire, fruit comprimés ; feuilles charnues plus épaisses que larges, comprimées sur les côtés.

Concave. Dont le centre est déprimé et les bords relevés ; bombé par la face inférieure.

Conceptacle. Partie close qui contient la fructification des plantes agames ; fruit siliqueux de la Chélidoine.

Cône. Fruit composé des Conifères; assemblage ovoïdal d'écailles coriaces, imbriquées en tous sens autour d'un axe commun; le fruit du Pin, du Sapin.

Conglobé. Ovules réunis en masse en forme de globe.

Conifères. Famille de plantes dicotylédones dont le fruit est un cône écailleux. Exemple le Pin, le Sapin.

Conique. En forme de cône.

Conjointes. Feuilles opposées soudées entre elles à la base et que la tige traverse ; stipules conjointes. On dit aussi : connées.

Conjuguées. Feuilles composées, pennées, dont les folioles sont opposées et disposées par paires. On les nomme aussi : oppositi-pennées.

Conné. Conjoint. Feuilles, stipules, opposées, soudées ensemble à leur base ; anthères, filets connés.

Connectif. Corps intermédiaire qui unit les loges de l'anthère.

Connivent Rapproché. Anthères conniventes lorsqu'elles sont si rapprochées qu'on les croirait soudées, comme dans les *Solanum*.

Cono"dal. Dont la forme est celle d'un cône.

Contourné. S'applique souvent à la racine lorsqu'elle est courbée en différents sens.

Contracté. Resserré.

Contractilité. Action par laquelle un organe se contracte. Faculté de se contracter.

Convexe. L'opposé de concave, lorsque la face supérieure est bombée.

Convolutées. Se dit des feuilles roulées en volute ou spirale.

Convolvulacées. Famille de plantes dicotylédones ayant pour type le genre *Convolvulus*.

Cordées. Se dit des feuilles échancrées en cœur.

Cordiforme. Feuilles, pétales échancrés en cœur.

Cordon. Cordon ombilical ou funicule ; expansion du placenta qui l'unit à la graine. Cordons pistillaires, faisceaux de vaisseaux transmettant à l'ovule l'influence du pollen. On dit aussi : Filets pistillaires.

Coriace. Rigide, qui ne fléchit pas.

Corisanthérie Onzième classe de la Méthode naturelle de Jussieu, comprenant les plantes dicotylédones, monopétales, à corolle épigyne, et dont les anthères sont distinctes et non soudées entre elles.

Corné. Se dit de certains périspermes durs et transparents. On dit : Périsperme corné.

Corolle. Partie membraneuse, diaphane, colorée de la fleur, qui entoure immédiatement les étamines et le pistil. On dit : corolle monopétale ou gamopétale, lorsqu'elle est formée d'une seule pièce, comme la corolle des Liserons ou *Convolvulus*, du Lilas, du Jasmin, tandis qu'on la dit polypétale ou dialypétale quand elle est formée de plusieurs pièces distinctes ou pétales, comme celles du Coquelicot, de la Rose, de l'OEillet.

Corpuscules. Substance granuleuse qui colore les végétaux, que Turpin a nommée Globuline,et De Candolle, Chromule. On nomme aussi Corpuscules reproducteurs les sporules des cryptogames.

Cortical. Qui tient à l'écorce, qui lui appartient. Couches corticales, lames ou feuillets qui se forment chaque année dans l'enveloppe corticale, remplies de mailles formées par les fibres de l'écorce réunies dans leurs sinuosités et qui constituent le liber.

Corymbe. Mode d'inflorescence terminale. Fleurs disposées à la même hauteur au sommet de la tige et des rameaux, quoique les pédoncules et les pédicelles partent de points différents.

Corymbifères. L'une des trois tribus qui divisent la famille des Composées, dont les capitules se composent de fleurons au centre et de demi-fleurons à la circonférence. Radiées de Tournefort; les Chrysanthèmes.

Côte ou Nervure. Prolongement saillant des fibres du pétiole formant la côte médiane des feuilles et de ses parties latérales anastomosées.

Cotonneux. Qui est couvert de poils blancs et doux comme du coton.

Cotylédon. Partie supérieure de l'embryon constituée par une ou deux feuilles; le nombre ou l'absence des cotylédons détermine le classement de tous les végétaux dans l'une ou l'autre des trois grandes divisions de la Méthode naturelle : les Acotylédones, les Monocotylédones et les Dicotylédones.

Cotylédonaire. Ce qui a rapport aux cotylédons. On dit : corps cotylédonaire, en parlant de la partie supérieure de l'embryon constituée par les cotylédons.

Couches. On nomme couches ligneuses les cercles que l'on voit en coupant horizontalement un tronc d'arbre et qui marquent la crue de chaque année. Couche de terre qui recouvre une couche de fumier dans laquelle on fait pousser les Melons.

Couché. Se dit des tiges qui se couchent sur la terre sans émettre de racines, comme la Mauve. On dit : Tige couchée, humifuse.

Couronne. Appendice qui surmonte; aigrette. Appendice inséré à la gorge de certaines corolles ou périgones, comme dans le Narcisse des poëtes.

Crassulacées. Famille de plantes dicotylédones à feuilles épaisses, grasses : la Joubarbe, les Sedum. On les nomme vulgairement Plantes grasses.

Crémocarpe. Nom donné par M. Mirbel au fruit des Ombellifères,

Crénelé. Découpé de dents obtuses.

Crénelure. Dents arrondies et obtuses.

Crêpu. Couvert de poils frisés, crêpés.

Creux. Se dit de certains poils coupés intérieurement par des diaphragmes. Tiges creuses, fistuleuses, comme dans beaucoup d'Ombellifères.

Crevassé. Fendillé. Se dit de l'écorce.

Crispé. Contracté irrégulièrement.

Crosse ou **Volute**. Feuilles roulées en crosse.

Crucifères. Famille de plantes dicotylédones dont la corolle est formée de quatre pétales disposés en croix : la Giroflée, le Chou, le Radis, la Moutarde, le Navet, le Cresson.

Cruciforme. S'applique à la corolle dont les pétales sont disposés en croix et dont le fruit est siliqueux ou siliculeux. Cinquième classe de la Méthode de Tournefort.

Crustacé. Enveloppe dure, mince et friable. S'applique parfois au spermoderme ou au péricarpe.

Cryptogame. Plante faisant partie de la Cryptogamie.

Cryptogamie. Classe créée par Linné comprenant tous les végétaux dont les organes de la reproduction ne sont point apparents.

Cubique. A six faces carrées.

Cuculliforme. Se dit des pétales en forme de capuchon ou en cornet.

Cucurbitacées. Famille de plantes dicotylédones qui comprend le Melon, le Potiron, les Cornichons ; les Bryones, l'*Elaterium*.

Cunéiforme. En forme de coin.

Cupule. Petite coupe placée sous le gland ou fruit du Chêne auquel elle est soudée, et qui est formée de petites écailles squamacées ou foliacées, serrées et persistantes, qui entourent primitivement la fleur.

Cupulé. Un peu concave et aplati.

Cupulifères. Famille de plantes dicotylédones ; démembrement des Amentacées de Jussieu. Elle comprend les genres *Quercus*, *Corylus*, *Carpinus*, *Castanea* et *Fagus*.

Cupuliforme. En forme de cupule.

Cuspidé. Terminé en pointe.

Cuticule. Épiderme ; lame mince de tissu cellulaire qui entoure le tronc et les tiges des végétaux, et recouvre l'enveloppe herbacée qui l'unit aux couches corticales.

Cyathiforme. En forme de gobelet.

Cycadées. Famille de plantes dicotylédones à fleurs dioïques, et dont les feuilles sont d'abord roulées en crosse.

Cycloïde. S'applique à la forme géométrique de certains grains de pollen.

Cylindracé. Qui approche de la forme cylindrique.

Cylindrique. Se dit de tout organe dont la forme est celle d'un cylindre.

Cyme. Mode d'inflorescence. Lorsque toutes les fleurs sont réunies au sommet de la plante à égale hauteur, les pédoncules partant d'un même point et s'étendant horizontalement, comme le Sureau.

Cynarocéphales. L'une des trois tribus de la famille des Composées ou Synanthérées dont les capitules sont entièrement composés de fleurons. Flosculeuses de Tournefort.

Cypéracées. Famille de plantes monocotylédones voisine des Graminées. Elle comprend le *Papyrus*.

Cytinées. Famille de plantes dicotylédones dont le genre type *Cytinus* faisait autrefois partie de la famille des Aristolochiées.

Cytoblaste. Nucleus.

D

Débile. On donne ce nom à une plante faible.

Décagyne. Fleur qui porte dix styles.

Décagynie. Huitième ordre du système sexuel de Linné.

Décandre. Fleur à dix étamines.

Décandrie. Dixième classe du système sexuel de Linné.

Décidue. Feuilles qui tombent avant une nouvelle foliation ; feuilles décidues.

Déclinées ou **Décombantes.** Feuilles qui se portent, qui se renversent vers la partie inférieure. Tiges, feuilles, étamines déclinées.

Décombantes. Même sens que Déclinées.

Décomposées. Feuilles composées au deuxième degré, c'est-à-dire dont le pétiole commun est divisé en pétioles secondaires portant les folioles.

Décurrent. On dit que les feuilles sont décurrentes lorsqu'elles se prolongent sur la tige ; s'applique aussi aux lames ou feuillets des Amanites et des Agarics lorsqu'ils se continuent sur le pédicule.

Décursivé-pennées S'applique aux feuilles pennées dont les folioles se prolongent sur le pétiole commun qui est alors ailé.

Défini. Se dit du nombre des étamines lorsqu'il ne va pas au delà de douze.

Défoliation. Chute des feuilles.

Déhiscence. Action par laquelle un fruit, une anthère, s'ouvrent pour laisser échapper les graines, le pollen. On dit aussi graine déhiscente par l'acte de la germination.

Déhiscent. Se dit d'un fruit capsulaire qui s'ouvre à sa maturité.

Deltoïde. Qui a la forme du Delta des Grecs. Feuilles rhomboïdales.

Demi-fleurons. Petites corolles monopétales, tubuleuses, ligulées, insérées chacune sur un ovaire infère fixé sur un réceptacle commun; comme dans les Chicoracées, l'une des trois tribus de la famille des Composées.

Demi-ligneux. Se dit des végétaux dépourvus de bourgeons écailleux et dont la base est ligneuse, tandis que la partie supérieure des tiges et des rameaux est herbacée et se renouvelle tous les ans. On dit aussi sous-ligneux ou suffrutescent.

Denté. Bordé de dents aiguës sans direction; denté en scie quand les dents sont dirigées vers le sommet de la feuille.

Dentelé. Dont les dents sont inclinées dans la même direction.

Denticulé. Bordé de dents très petites.

Déprimé. Dont le centre est légèrement creusé

Diadelphes. Étamines soudées par les filets en deux androphores.

Diadelphie. Dix-septième classe du système de Linné.

Diakène. Fruit des Ombellifères.

Dialypétale. S'applique à la corolle; synonyme de polypétale.

Dialysépale. Calice polysépale.

Diandre. Fleur qui ne porte que deux étamines.

Diandrie. Deuxième classe du système de Linné.

Diaphane. Transparent, qui donne passage à la lumière; s'applique particulièrement à la corolle.

Diaphragme. Cloisons transversales qui coupent de distance en distance certains poils creux; fausses cloisons de quelques Légumineuses.

Dichotome. Fourchu, bifurqué: tige divisée par bifurcations successives.

Dichotomique. Méthode élémentaire pour reconnaître les végétaux d'après les descriptions des auteurs. Divisions de la tige en rameaux dichotomes.

Diclines. Se dit des plantes dont les organes sexuels ne se trouvent pas réunis dans la même fleur; plantes comprises dans les trois dernières classes de la Phanérogamie de Linné.

Dicotylédon. Se dit de l'embryon qui porte deux cotylédons

Dicotylédones. Plantes qui naissent avec deux cotylédons, l'une des trois divisions principales des végétaux selon la méthode naturelle.

Didyme. Se dit de deux parties jointes par un point de leur circonférence; anthères didymes, tubercules didymes.

Didyname. Fleurs à quatre étamines, dont deux plus courtes.

Didynamie. Quatorzième classe du système de Linné.

Diffus. Epars, sans symétrie, sans ordre.

Digité. Se dit des feuilles simplement composées dont les folioles partent du sommet du pétiole commun.

Digité-pennées. Feuille décomposée dont les pétioles secondaires, disposés au sommet du pétiole commun, représentent des feuilles pennées.

Digitinerves ou **Basinerves**.Feuilles dont les nervures partent de la base en se dirigeant vers la partie supérieure sans se diviser.

Digyne. S'applique à la fleur qui porte deux styles.

Digynie. Deuxième ordre du système sexuel de Linné.

Dilléniacées. Famille de plantes dicotylédones, ligneuses et sarmenteuses, ayant pour type le genre *Dillenia*.

Dimidié. Qui a perdu la moitié de ce qui le constitue. Coiffe dimidiée des Mousses.

Diœcie. Fleurs unisexuées mâles ou femelles portées sur des individus différents. Vingt-deuxième classe du système sexuel de Linné.

Dioïque. Fleurs unisexuées, toutes mâles ou toutes femelles, portées sur des individus différents. Diœcie de Linné.

Dioscorées. Famille de plantes monocotylédones à ovaire infère. Démembrement de la famille des Asparaginées.

Dipétale. Fleur qui n'a que deux pétales.

Diphylle. A deux feuilles.

Dipsacées. Famille de plantes dicotylédones dont les fleurs sont agrégées en capitules sur un réceptacle commun : la Scabieuse, les *Dipsacus*, genre type.

Diptère. A deux ailes. Capsule des Érables.

Direction. Mouvement direct d'une tige couchée, dressée ou ascendante ; de la racine, des étamines, du style, des ovules, de la radicule de l'embryon, soit supérieure ou inférieure.

Discoïde. En forme de disque ; stigmate des Pavots.

Discolore. Qui est de deux couleurs.

Disépale. Calice de deux sépales.

Disperme. A deux graines.

Disque. Corps glanduleux épigyne, hypogyne ou périgyne, qui accompagne souvent l'insertion des étamines.

Distant. Éloigné, écarté.

Distique. Disposé sur deux rangs vis-à-vis l'un de l'autre.

Distractilde. S'applique au connectif lorsqu'il affecte une forme excentrique.

Divariqué. Ecarté, qui forme un angle.

Divergent. Qui s'écartent l'un de l'autre. Styles, stigmates divergents.

Dodécandre. Fleurs qui portent onze à vingt étamines.

Dodécandrie. Onzième classe du système sexuel de Linné.

Dorsal. Côte, nervure, face dorsales. La face dorsale de l'anthère est le côté où le filet est attaché ; la face dorsale de la feuille est la face inférieure qui regarde la terre.

Double. Calice double. Dans ce cas, l'extérieur est nommé calicule. Fleur double, dont une partie des étamines s'est changée en pétales.

Doublement-serrées. Feuilles deux fois dentées.

Dressé. Presque vertical. Tige, feuilles, étamines, styles dressés.

Droséracées. Famille de plantes dicotylédones ayant deux genres indigènes : *Drosera* et *Parnassia*.

Drupe. Fruit charnu, succulent, à noyau formé par l'endocarpe durci, ossifié : l'Abricot, la Prune, la Cerise, la Pêche.

Drupacé. Fruit de la nature de la drupe.

Dyptère. S'applique au calice qui présente deux appendices membraneux en forme d'ailes.

E

Ébénacées. Famille de plantes dicotylédones, à fleurs ordinairement polygames.

Écailles. Petites feuilles squamacées ou colorées.

Écailleux. Qui porte des écailles; bourgeons écailleux.

Écarté. A distance.

Échancré. Émarginé.

Économiques. Plantes usitées dans l'économie comme aliments, comme médicaments. Botanique économique qui traite des plantes usuelles.

Écorce. Partie extérieure de la circonférence d'un arbre, qui se compose de l'épiderme, de l'enveloppe herbacée, des couches corticales et du liber.

Élatérie. Fruit des Euphorbiacées.

Éléagnées. Famille de plantes dicotylédones représentée par des arbres et des arbrisseaux.

Elliptique. Allongé et arrondi également aux deux extrémités. Feuilles, anthères elliptiques, qui présentent la figure d'une ellipse. S'applique aussi à la forme de certains grains de pollen.

Émarginé. Échancré. Se dit particulièrement des pétales qui portent à leur partie supérieure un sinus rentrant.

Embryogénie. Qui a rapport au développement de l'embryon.

Embryologie. Traité sur l'embryon; son analyse.

Embryon. Corps organisé, germe ou rudiment de la plante, renfermé dans la graine. L'embryon se compose de quatre parties : de la radicule qui forme la racine ou qui lui donne naissance ; des cotylédons qui en forment l'extrémité supérieure ; de la tigelle, corps intermédiaire entre la radicule et les cotylédons ; de la gemmule, rudiment de la tige et des feuilles.

Embryonées. Se dit des plantes phanérogames qui se reproduisent par des graines.

Embryonnaire. Se dit de l'appareil de l'embryon ou corps embryonnaire.

Embryotége. Opercule qui se trouve parfois sur la graine, et qui est formé par la cicatrice du micropyle ; qui se soulève pour laisser passer la radicule au sommet de laquelle il reste souvent fixé.

Endocarpe. Membrane qui tapisse intérieurement la paroi du péricarpe.

Endogènes. Nom donné par de Candolle aux végétaux dicotylédonés.

Endhorize. Plante dont la radicule de l'embryon est entourée d'une coléorhize qu'elle perce en germant. Les monocotylédones.

Endosperme. Périsperme, albumen.

Endospermique. S'applique à l'embryon quand la graine est pourvue d'endosperme. On dit dans ce cas : embryon endospermique. Fluide endospermique, nom donné par Turpin au liquide contenu dans le sac amniotique.

Enflé. S'applique à un calice mince et vésiculeux.

Engaînant. Qui entoure comme une gaîne. Pétiole engaînant.

Engaînée. Se dit de la tige entourée d'une gaîne aux articulations.

Ennéandre. Fleurs qui portent neuf étamines.

Ennéandrie. Neuvième classe du système sexuel de Linné.

Ensiformes. En forme d'épée ; feuilles ensiformes.

Entier. Sans division ; feuilles entières sans sinuosités ni découpures.

Enveloppe herbacée. Nom donné par M. Mirbel à la lame de tissu cellulaire située sous l'épiderme des végétaux.

Épars. Diffus, sans ordre.

Éperon. Appendice qui termine une fleur, comme celle de la Violette, du Pied-d'Alouette, de la Balsamine.

Éperonné. Corolle, pétale munis d'un appendice en forme d'éperon.

Épi. Mode d'inflorescence. Fleurs disposées sur un pédoncule commun non ramifié. Le Blé.

Épiblaste. Appendice qui recouvre parfois en grande partie le blaste, partie germinative de l'embryon des Graminées.

Épicarpe. Membrane extérieure ou peau du péricarpe.

Épicorollie. Dixième et onzième classe de la Methode naturelle de

Jussieu, comprenant les plantes dicotylédones à corolle monopétale épigyne, à anthères soudées ou libres.

Épiderme. Membrane celluleuse qui recouvre toutes les parties d'un végétal. Cuticule.

Épidermoïdales. Se dit des glandes de l'épiderme des végétaux ou pores corticaux.

Épigés. Se dit des cotylédons lorsqu'ils s'élèvent au-dessus de la terre pendant la germination, par l'allongement de la tigelle.

Épigyne. Sur le pistil. Étamines, corolle épigynes, insérées sur le pistil.

Épigynique. S'applique à l'insertion des étamines lorsqu'elle se fait sur le pistil.

Épillet. On donne ce nom à chaque petit groupe de fleurs composant l'épi des Graminées.

Épine. Organe dégénéré. Excroissance dure et piquante du tissu intérieur des végétaux. Épines simples, rameuses, solitaires ou fasciculées.

Épineux. Qui porte des épines. Fruit épineux ; tige, feuilles épineuses.

Épipétale. S'applique aux étamines lorsqu'elles sont soudées sur les pétales.

Épipétalie. Douzième classe de la Méthode naturelle de Jussieu, comprenant les plantes dicotylédones, polypétales à étamines épigynes.

Épiphylle. Qui naît sur la feuille. Se dit du pédoncule lorsqu'il prend naissance sur la surface de la feuille.

Épipode. Disque sous forme de glandes insérées sur le support de l'ovaire, comme dans les Crucifères.

Épisperme ou **Spermoderme.** Peau de la graine.

Épispermique. Se dit de l'embryon quand le périsperme manque dans la graine et qu'il est immédiatement recouvert par l'épisperme. Embryon épispermique.

Épistaminie. Cinquième classe de la Méthode naturelle de Jussieu, comprenant les plantes dicotylédones, apétales, à étamines épigynes.

Équisétacées. Famille de plantes cryptogames, dont les Prèles forment le genre unique, *Equisetum*.

Éricinées. Famille de plantes dicotylédones ayant pour type le genre *Erica* ou Bruyère.

Érodé. Se dit des feuilles à dentelures très inégales : feuilles érodées.

Érythroxylées. Petite famille de plantes formée aux dépens des Malpighiacées.

Espèce. Se dit de chaque plante faisant partie d'un même genre.

Les *Geranium Robertianum, sanguineum, pusillum,* sont trois espèces du genre *Geranium.* La Bruyère cendrée, la Bruyère à balais, sont deux espèces du genre Bruyère ou *Erica.*

Estivales. On nomme ainsi les plantes qui fleurissent depuis juin jusqu'à la fin d'août.

Estivation. Arrangement de toutes les parties de la fleur avant son épanouissement.

Étalé. Presque plane.

Etamine. Organe mâle de la fleur inséré devant le pistil. L'étamine ♂ se compose de l'anthère, partie supérieure et essentielle, et du filet, partie accessoire.

Etendard. Pétale supérieur de la fleur irrégulière papilionacée des Légumineuses.

Etoilé. Se dit d'un calice, mais surtout d'une corolle de cinq pétales égaux et étalés, ou d'une corolle monopétale à tube court et dont les lobes aigus s'étalent. Stigmate, poils étoilés disposés en étoile.

Etranglé. Se dit de la corolle quand la gorge est resserrée, étranglée.

Euphorbiacées. Famille de plantes dicotylédones ayant pour type le genre *Euphorbia.*

Excréteurs. S'applique aux canaux qui chassent en dehors les fluides excrétés.

Exertion. Mot proposé par de Candolle pour remplacer celui d'insertion.

Exhalation. Transpiration.

Exorhize. On donne ce nom à l'embryon dont la radicule est nue, et non recouverte par une coléorhize.

Exotique. Se dit des végétaux qui ne sont point indigènes.

Expansion. Prolongement d'une partie principale.

Exsudation. Transpiration des végétaux.

Extraire. S'applique à l'embryon lorsqu'il est en dehors du périsperme ; l'opposé de intraire.

Extrorse. Se dit des étamines lorsque l'anthère tourne le dos au pistil. Anthères extrorses.

F

Falciforme. En forme de faux. On dit aussi : Falqué. S'applique aux feuilles.

Famille. Association d'un certain nombre de genres présentant de la conformité dans leurs principaux caractères. Troisième ordre de classification.

Fascicule. Se dit de la disposition des feuilles ou des fleurs lorsqu'elles sont insérées plus de deux ou trois au même point.

Fasciculées. Feuilles, fleurs, épines réunies en faisceau.

Fastigiés. S'applique aux rameaux qui se redressent et se rapprochent de la tige.

Fécondation. Acte par lequel un ovule devient graine sous l'influence du pollen.

Femelle. Se dit d'une fleur qui est privée d'étamine et qui ne porte qu'un pistil.

Fendus ou **Rayés**. Nom donné par de Candolle aux vaisseaux fendus transversalement.

Feuillade. Fronde, thallus, ou feuille des Fougères, des Lichens, qui porte la fructification.

Feuille. Partie du végétal qui garnit horizontalement la tige et les rameaux. Elle se compose du limbe ou disque qui est la partie élargie, colorée, et du pétiole ou queue de la feuille. Quand le pétiole manque, on dit que la feuille est sessile.

Feuillée. Se dit de la tige qui porte des feuilles.

Feuillets. Lames du liber. Lames qui garnissent le dessous, ou face inférieure du chapeau des Amanites et des Agarics.

Feuillue. Se dit d'une tige qui porte beaucoup de feuilles.

Fibre-trachéale. Fibres très allongées qui composent les trachées.

Fibreux. Qui portent des fibres. Racines fibreuses.

Ficoïdées. Famille de plantes dicotylédones, à feuilles et tiges succulentes, grasses.

Fide. Division étroite et peu profonde du limbe calicinal, de l'involucre, d'une feuille.

Filet. Support de l'anthère, partie inférieure et accessoire de l'étamine. Filets capillaires, poils.

Filiforme. Mince et fin comme le fil. Tige grêle.

Filipendulé. En chapelet par les renflements ou nœuds que présentent certaines racines ramifiées. Racine filipendulée.

Fil-spiral. Fil de la trachée, contourné, unique, parfois double, ou en grand nombre, juxtaposés, formant le ruban spiral qui se déroule.

Fimbrié. Découpé en manière de franges.

Fistuleux. Creux. Tige creuse, fistuleuse.

Flacourtianées. Famille de plantes dicotylédones, ayant pour type le genre *Flacourtia*, créé en l'honneur du voyageur de Flacourt, à qui l'on doit une description de l'île de Madagascar.

Fleur. Partie colorée et souvent odorante des végétaux, constituée par les organes de la génération. Fleur simple, double, pleine, complète ou incomplète.

Fleuron. Petite corolle monopétale, tubuleuse, à cinq lobes, insérée sur un ovaire infère porté sur un réceptacle commun.

Flexible. Qui se ploie sans se casser. Tige flexible.

Flexueux. Tortueux, courbé en zigzag. Ovaire flexueux de la Chélidoine. Tige flexueuse de l'*Iris pseudo-Acorus.*

Floconneux. Recouvert d'un duvet qui s'enlève par paquets, par flocons.

Floraison. État des végétaux en fleurs.

Florales. Qui se rapporte à la fleur. Bourgeon floral ; appareil floral. Feuilles florales, qui sont petites et naissent près des fleurs sans changer de nature.

Florifère. Qui porte des fleurs. Tiges, rameaux florifères.

Flosculeuses. Capitules composés de petites corolles monopétales tubuleuses, à cinq divisions, nommés fleurons. Douzième classe de la Méthode de Tournefort, formant aujourd'hui la tribu des Cynarocéphales de la famille des Composées.

Fluviales. On donne ce nom aux plantes qui vivent dans l'eau.

Foliacé. De la nature des feuilles. Bourgeon dont les écailles sont de la nature de la feuille.

Foliifère. Se dit du bourgeon de feuille.

Foliiforme. Se dit d'un pétiole élargi en forme de feuille. On le nomme aussi Phyllode.

Foliole. Petite feuille ; feuille florale ; bractée. L'une des divisions d'une feuille composée ou pennée.

Follicule. Capsule membraneuse à une loge, à une valve déhiscente ; des Apocynées et des Asclépiadées.

Fougères. Famille de plantes cryptogames à thallus ou fronde, portant la fructification : les Fougères, les Polypodes.

Fourni. Épais, touffu.

Frangé. A bords découpés en frange. On dit aussi Fimbrié.

Frankéniacées. Famille de plantes dicotylédones ayant pour type le genre *Frankenia.*

Fronde. Feuille des Fougères. On dit aussi Feuillade.

Fructifère. Qui porte des fruits.

Fructification. Développement progressif de l'ovaire fécondé. Réunion des petits corpuscules reproducteurs qui couvrent ou qui bordent les frondes ou feuilles des Fougères, des Polypodes, etc.

Fruit. Ovaire fécondé parvenu à maturité.

Fugace. Qui tombe aussitôt la floraison, qui dure peu. Calice, pétales fugaces. Se dit aussi des stipules qui tombent avant les feuilles.

Fulcracé. Se dit du bourgeon dont les écailles sont formées par des pétioles stipulés.

Fumariacées. Famille de plantes dicotylédones, qui a pour type le genre *Fumaria* ou Fumeterre.

Funicule. Expansion du placenta qui tient à la graine. On dit aussi Cordon ombilical, ou Podosperme.

Fusiforme. En forme de fuseau.

G

Gaîne. Ochrea. Tube formé par la base des feuilles des Graminées, qui entoure la tige, et auquel on donne le nom de gaîne.

Galbule. Fruit du Cyprès.

Galéiformes. En forme de casque. Pétales creux, voûtés, galéiformes.

Gamopétale. Mot introduit dans la Glossologie pour remplacer celui de monopétale. S'applique à la corolle.

Gamosépale. Mot qui remplace celui de monosépale. S'applique au calice.

Géminé. Qui naissent deux à deux d'un même point ; feuilles, ovules géminés.

Gemme. Bourgeons ; masses charnues de différentes sortes ; tubercules ou bulbilles propres à la reproduction de la plante.

Géniculé. Se dit des tiges à articulations anguleuses en forme de genou.

Genre. Association d'un certain nombre d'espèces présentant quelques caractères uniformes que l'on a nommés génériques.

Gentianées. Famille de plantes dicotylédones ayant pour type le genre *Gentiana* ou Gentiane.

Géraniées. Famille de plantes dicotylédones, qui a pour type le genre *Geranium*.

Germe. Embryon.

Germination. Phénomène physiologique par lequel l'embryon se développe et devient plantule.

Gesnériacées. Famille de plantes dicotylédones ayant pour type le genre *Gesneria*.

Gibbeux. Bossu. Calice gibbeux.

Glabre. Dont la surface est nue, sans poils.

Gladiées. Se dit des feuilles en forme de glaive.

Gland. Fruit du Chêne, du Noisetier.

Glande. Corps vésiculeux, sécréteurs, naissant sur toutes les parties des végétaux. Glandes épidermoïdales, utriculaires, corticales, globulaires, miliaires, vésiculaires, papillaires, etc.

Glandulaire. Corps glandulaire. Disque.

Glandule. Petite glande.

Glanduleux. Qui porte des glandes. Stigmate glanduleux.

Glandulifères. Se dit des poils qui prennent naissance sur une glande.

Glauque. S'applique aux végétaux, surtout aux feuilles, qui sont recouvertes d'une poussière résineuse, blanchâtre, qui leur donne une couleur vert de mer. On donne à cette matière résineuse le nom de fleur lorsqu'elle recouvre certains fruits, comme les Prunes, le Raisin.

Globulaire. S'applique à une sorte de glande dont la forme est sphérique, et qui ne tient à l'épiderme qu'incomplétement.

Globulariées. Famille de plantes dicotylédones, qui a pour type le genre *Globularia*.

Globule. Petit corps sphérique ; petite vésicule.

Globuleux Presque rond.

Globuline. Nom donné par Turpin aux corpuscules qui colorent le tissu des végétaux.

Glomérule. Capitule. Inflorescence.

Glossologie botanique. Qui traite de la langue. Connaissance des termes propres au langage de la Botanique. L'une des trois divisions de la première branche de la Botanique.

Glumacé. De la nature de la glume.

Glume. Enveloppe extérieure, formée de deux écailles, de la fleur des Graminées. On dit aussi Bâles.

Glumelle. Enveloppe intérieure, formée de deux écailles, de la fleur des Graminées.

Gluten. Matière molle et très élastique, qui empâte les cellules du périsperme de la graine des Graminées alimentaires.

Glutineuses. Visqueuses. Se dit des feuilles.

Gorge. Ligne circulaire qui sépare le tube du limbe de la corolle monopétale et du calice monosépale.

Gousse. Fruit siliquiforme, à deux valves, des Légumineuses.

Graine. Œuf végétal. Principe et fin de tous les végétaux phanérogames. Elle se compose d'une enveloppe extérieure nommée spermoderme ou épisperme, séparable en deux lames; l'une externe, nommée par Gaertner *Testa*; l'autre interne, nommée *Tegmen*. — du périsperme, corps accessoire destiné à la nourriture de l'embryon et qui l'entoure immédiatement.

Grains. S'applique au pollen qui est formé de petits grains.

Graminées. Famille de plantes monocotylédones comprenant le Blé, le Seigle, l'Orge, l'Avoine, le Maïs, le Riz.

Granules. On nomme ainsi les petits corps contenus dans les grains de pollen.

Granuleux. Qui est couvert de petits grains. S'applique aux masses granuleuses polliniques de quelques genres des Orchidées.

Grappe. Mode d'inflorescence. Fleurs disposées sur un pédoncule commun ramifié irrégulièrement.

Greffe. Moyen de multiplication des végétaux ligneux.

Grêle. Se dit d'une tige longue et mince.

Grenu. Se dit des racines qui offrent un grand nombre de petits tubercules qui reproduisent la plante.

Griffes. Espèces de racines que les plantes sarmenteuses et grimpantes implantent dans les autres végétaux, sur lesquels elles grimpent et vivent.

Grimpantes. Tiges qui grimpent et s'attachent aux murs, aux arbres, ou à d'autres végétaux.

Grossulariées. Famille de plantes dicotylédones, qui comprend les Groseilliers.

Grumelleux. Couvert de petites inégalités dures.

Guttifères. Famille de plantes dicotylédones à sucs jaunes résineux.

Gynandre. Fleur dont les étamines sont soudées en un seul corps avec le pistil.

Gynandrie. Vingtième classe du système de Linné.

Gynécée. Ensemble des pistils dans les fleurs à ovaires multiples. Mot créé par Dunal.

Gynobase. Disque hypogyne, lobé, sur lequel le style paraît naître. Propre aux Borraginées, aux Labiées.

Gynobasique. Se dit de l'ovaire des Borraginées et des Labiées, qu repose sur un disque hypogyne, lobé, nommé Gynobase. Se di aussi du style qui paraît naître du disque dans ces deux familles.

Gynophore. Prolongement du réceptacle sur lequel s'insèrent les pistils du Fraisier, du Framboisier, des Renoncules, etc.

Gynostème. Support commun du stigmate et des anthères.

H

Haloragées. Famille de plantes dicotylédones comprenant le genre *Myriophyllum*.

Hamamélidées. Famille de plantes dicotylédones, créée par M. R. Brown aux dépens de celle des Berbéridées.

Hampe. Tige sans feuille partant du centre d'une touffe de feuilles radicales.

Hastées. S'applique aux feuilles dont la base est prolongée en deux lobes aigus.

Herbacé. De la nature de l'herbe, qui est vert. Tige herbacée, annuelle; qui n'est point ligneuse.

Herbe. Plante phanérogame dont la tige est tendre, verte, et meurt tous les ans.

Hémisphérique. Qui a la forme d'un croissant. Se dit du stigmate.

Hémodoracées. Famille de plantes monocotylédones, créée par M. R. Brown.

Hépatiques. Famille de plantes acotylédones, intermédiaire entre les Lichens et les Mousses.

Heptagynie. Fleurs à sept styles ; septième ordre du système de Linné, qui les comprend.

Heptandre. Fleur à sept étamines.

Heptandrie. Septième classe du système de Linné.

Hérissé. Couvert de poils raides. On dit aussi hirsuté.

Hermaphrodite. Fleur qui réunit les deux sexes ; qui porte des étamines et un pistil.

Hespéridie. Fruit charnu de l'Oranger, du Citronnier.

Hexagone. Qui a six angles, six faces. Tige hexagone.

Hexagynie. A six styles. Sixième ordre du système de Linné.

Hexandre. Fleur qui porte six étamines.

Hexandrie. Sixième classe du système de Linné.

Hexapétale. Fleur à six pétales.

Hexaphylle. A six divisions moyennes. Calice hexaphylle. Verticille de six feuilles.

Hibernales. Se dit des plantes qui fleurissent en hiver.

Hile. Ombilic. Cicatrice qui se voit sur la graine, et qui est formée par la chute du cordon ombilical.

Hippocastanées. Famille de plantes dicotylédones, qui comprend le Marronnier d'Inde.

Hippocratéacées. Famille de plantes dicotylédones, ayant pour type le genre *Hippocratia*.

Hircine. A odeur de bouc.

Hispide. Couvert de poils rudes, raides, longs et tuberculés à leur base.

Homalinées. Famille de plantes dicotylédones exotiques créée par M. R. Brown.

Homonymie. Emploi d'un seul nom pour désigner des plantes différentes.

Horizontal. De la direction horizontale des feuilles, des graines sur le placenta ; de la déhiscence de certaines capsules, comme celles du Mouron rouge, de la Jusquiame, de l'urne des Mousses.

Humifuse. Se dit d'une tige couchée, étalée sur la terre.

Hyalin. Diaphane, de la transparence du verre, de sa ressemblance.

Hybride. Individu né de deux espèces voisines.

Hydrocharidées. Famille de plantes monocotylédones ayant pour type le genre *Hydrocharis*.

Hydrophytes. Famille de plantes acotylédones renfermant les Algues.

Hygrobiées. Famille exotique d'arbustes et d'arbrisseaux dicotylédons.

Hypéricinées. Famille de plantes dicotylédones ayant pour type le genre *Hypericum*.

Hypocorollie. Huitième classe de la méthode naturelle de Jussieu, comprenant les plantes dicotylédones à corolle monopétale hypogyne.

Hypocratériforme. En forme de coupe antique. Corolle à tube long, à limbe étalé et plat.

Hypogés. Se dit des cotylédons lorsqu'ils restent sous terre pendant la germination par le défaut d'allongement de la tigelle.

Hypogyne. Sous le pistil. Se dit de l'insertion des étamines, de la corolle ou du disque, lorsqu'elle se fait sous le pistil.

Hypogynique. S'applique à l'insertion des étamines lorsqu'elle se fait sous le pistil.

Hypopétalie. Treizième classe de la Méthode naturelle de Jussieu, comprenant les plantes dicotylédones polypétales, à étamines hypogynes.

Hypostaminie. Septième classe de la Méthode naturelle de Jussieu, comprenant les plantes dicotylédones apétales, à étamines hypogynes.

I

Icosandre Se dit des fleurs qui ont plus de vingt étamines insérées sur le pistil.

Icosandrie. Douzième classe du système sexuel de Linné.

Idiogynes. Se dit des étamines séparés du pistil.

Imbriqué. Couché symétriquement les uns sur les autres comme les tuiles d'un toit. Involucre du Bleuet, de l'Artichaut; les cônes du Pin, du Sapin. Pétales imbriqués qui se recouvrent latéralement en préfloraison. Feuilles imbriquées.

Immédiate. Se dit de l'insertion des étamines sans l'intermédiaire de la corolle.

Impari-pennées. Se dit de la feuille pennée à une seule paire de folioles, et dont le pétiole commun est terminé par une foliole impaire. On dit aussi Trifoliolée.

Imprégnation. Fécondation.

Incane. D'un blanc pur.

Incisé. Découpé verticalement.

Incliné. Courbé en avant.

Incombant. Appuyé sur une autre partie. Anthères incombantes.

Incomplet. A qui il manque une ou plusieurs de ses parties. Fleurs privées de leur calice ou de leur corolle. Fleurs incomplètes, unisexuées. Cloisons incomplètes qui n'arrivent pas jusqu'à l'axe.

Indéfini. Se dit du nombre des étamines lorsqu'il s'élève à plus de douze.

Indéhiscent. Se dit d'un fruit à maturité qui ne s'ouvre pas spontanément.

Indigène. Se dit des plantes propres au pays, qui croissent naturellement, par opposition aux plantes étrangères, exotiques.

Individu. Être particulier de chaque espèce en général.

Indusie. Sorte d'involucre formé par l'épiderme des frondes des Fougères, qui se soulève par l'effet du développement des sores ou capsules agrégées.

Induvie. Enveloppes propres et persistantes de la fleur autour du fruit à maturité.

Inerme. Qui ne porte ni épines, ni aiguillons.

Inéquilatère. S'applique à la feuille quand les parties latérales sont inégales, quand la nervure médiane ne la partage pas également.

Infère Se dit de l'ovaire adhérent au tube calicinal et surmonté de toutes les parties de la fleur : Ovaire infère. Le calice est dit infère lorsque l'ovaire est libre et qu'il surmonte le calice.

Inférieur. Se dit d'un corps placé au-dessous d'un autre.

Infléchi. Courbé en dedans. Étamines ou pétales penchées vers le centre de la fleur.

Inflorescence. Disposition des fleurs sur les tiges. Inflorescence en épi comme le Blé, en grappe comme la Vigne, en thyrse comme le Marronier d'Inde, le Lilas ; en ombelle comme le Persil, l'Angélique, la Carotte ; en cyme comme le Sureau, etc.

Infra-axillaire. Au dessous de l'aisselle. Se dit des épines qui naissent au-dessous de l'aisselle des feuilles et des rameaux.

Infundibuliforme. Se dit d'une corolle en forme d'entonnoir. Seconde classe de la Méthode de Tournefort.

Inhalation. Action par laquelle les plantes se pénètrent du fluide qui les entoure.

Inonguiculé. Se dit d'un pétale qui n'a pas d'onglet.

Inorganique. Dont les parties n'ont entre elles que des rapports d'adhérence.

Inséré. Attaché, fixé. Corolle, étamines insérées sous le pistil, sur le pistil, ou autour du pistil sur le calice.

Insertion. Attache. Il y a trois modes d'insertion : l'insertion hypogyne sous le pistil, l'insertion épigyne sur le pistil, et l'insertion périgyne sur le calice.

Interrompu. Se dit surtout des feuilles dont le sommet représente une feuille pinnatifide et la base une feuille pinnée, c'est-à-dire dont les lobes supérieurs sont confluents à la base et les inférieurs libres. Tout ce qui n'est pas continu.

Interrupté-pennée. Se dit des feuilles pennées dont les folioles sont alternativement inégales; une grande suivie d'une petite, et ainsi de suite.

Intraire. Se dit de l'embryon lorsqu'il est exactement entouré par le périsperme. On dit Embryon intraire.

Introrse. S'applique à l'anthère lorsque sa face est tournée vers le pistil. On dit dans ce cas: Anthères introrses.

Inverse. Quand par une torsion quelconque la position naturelle est changée. Se dit des feuilles quand la face supérieure est tournée vers la terre par la torsion du pétiole.

Involucelle. Petit involucre partiel d'une ramification du pédoncule.

Involucral. Qui appartient à l'involucre. Ecailles involucrales.

Involucre. Assemblage régulier des fleurs florales ou de bractées disposées sur un ou plusieurs rangs, qui accompagne une ou plusieurs fleurs composées ou agrégées, ou qui tient lieu de calice.

Involucre. Muni d'un involucre comme dans les Ellébores, les Anémones, les Composées.

Involuté. Roulé en dedans Feuille involutée; l'opposé de révoluté.

Iridées. Famille de plantes monocotylédones ayant pour type le genre *Iris.*

Irradiation. Lignes projetées du centre à la circonférence. Irradiation médullaire des végétaux ligneux. Disposition des feuillets des Champignons.

Irrégulier. De forme irrégulière. Se dit du calice et de la corolle des Labiées, fleurs irrégulières, anomales.

Isogyne. S'applique au pistil composé d'un nombre de carpelles égal à celui des sépales.

J

Jasminées. Famille de plantes dicotylédones, qui a pour type le genre *Jasminum* ou Jasmin.

Joncées. Famille de plantes monocotylédones ayant pour type le genre *Juncus* ou Jonc.

Juga. Côtes plus ou moins saillantes qui marquent le fruit des Ombellifères.

Juglandées. Famille de plantes dicotylédones, qui a pour type le genre *Juglans* ou Noyer.

Juguée. Se dit des feuilles composées dont les folioles sont disposées par paires.

L

Labelle. Division inférieure, d'une figure particulière, du périgone de la fleur des Orchidées. On dit aussi Tablier.

Labiée. Corolle irrégulière monopétale, divisée en deux lèvres. Quatrième classe de la Méthode de Tournefort.

Labiées. Famille de plantes dicotylédones à corolle monopétale irrégulière, à deux lèvres. Lierre terrestre.

Lacéré. Déchiqueté, découpé irrégulièrement.

Lâche. Se dit des parties qui ne s'appliquent pas exactement.

Lacinié. Dont les divisions sont inégales et profondes. Feuilles laciniées.

Lactescent. Qui contient un suc laiteux ou coloré. Vaisseaux lactescents des Pavots, de la Chélidoine, des Euphorbes.

Lacune. Intervalles plus ou moins réguliers des cellules du tissu des végétaux, contenant de l'air, selon le professeur Amici.

Laineux. Couvert de poils longs et laineux. Tige laineuse qui est couverte de ces sortes de poils.

Lame. Partie élargie, membraneuse, colorée, d'un pétale, qui surmonte l'onglet.

Lamelle. Lame mince. Périsperme mince, lamelleux.

Lancéolé. Se dit d'une feuille terminée en fer de lance.

Languette. Se dit de la corolle ligulée des Chicoracées.

Lappacé. Couvert de pointes qui se terminent en hameçon.

Latéral. Qui est situé sur le côté. Se dit du style lorsqu'il se trouve sur un des côtés de l'ovaire.

Latérinerves. Feuilles dont les nervures naissent des parties latérales de la nervure médiane. On dit aussi Penninerves.

Latex. Sucs propres des végétaux.

Laticifères. Vaisseaux propres dans lesquels sont contenus les sucs propres ou latex.

Laurinées. Famille de plantes dicotylédones ayant pour type le genre *Laurus* ou Laurier.

Légume ou **Gousse.** Fruit des Légumineuses.

Légumineuses. Famille de plantes dicotylédones, comprenant les Haricots, Pois, Fèves, Lentilles; l'Acacia, la Luzerne, etc.

Lentibulariées. Famille de plantes dicotylédones.

Lenticelles. Nom donné par de Candolle à des petits corps ou bourgeons de racine, de forme allongée, qui naissent sur l'épiderme du tronc et des branches de quelques végétaux. Glandes lenticulaires de Guettard.

Lenticulaire. Qui a la forme d'une lentille. Glandes lenticulaires, lenticelle de de Candolle.

Lépicène. Écailles en dehors de la glume. Enveloppe commune de l'épillet des Graminées.

Lèvres. Lobes supérieur et inférieur d'une corolle labiée.

Liber. Lames isolées formées d'un réseau vasculaire, séparées entre elles par du tissu cellulaire et situées entre les couches corticales et les couches ligneuses.

Lichénées. Famille de plantes agames; acotylédones de Jussieu.

Liége. Enveloppe herbacée ou médulle externe, d'une consistance particulière, du tronc de quelques végétaux, particulièrement du *Quercus suber* ou Chêne-Liége.

Ligneux. Se rapporte aux végétaux dont la tige est dure et de la nature du bois: Tige ligneuse.

Ligule. Appendice membraneux qui accompagne le collet ou point de réunion du limbe de la feuille et de la gaîne des Graminées.

Ligulée. Corolle ligulée, en languette, comme celle des Chicoracées.

Liliacées. Famille de plantes monocotylédones, comprenant le Lys, la Tulipe, etc. Neuvième classe de la Méthode de Tournefort.

Limbe. Partie supérieure, évasée de la corolle, membraneuse, colorée, souvent odorante; et d'un calice monosépale. Partie élargie et plane d'une feuille. On dit aussi Disque.

Linguiforme. En forme de Langue.

Linéaire. Long, étroit. Feuilles des Graminées.

Lisse. Uni, glabre.

Loasées. Famille de plantes dicotylédones couverte de poils, produisant au contact une piqûre brûlante analogue à celle que produit l'Ortie.

Lobe. Division, échancrure arrondie, sinus rentrant qui sépare le sommet d'un organe. Expansion charnue du placenta.

Lobé. Qui est découpé en lobes.

Lobéliacées. Famille de plantes dicotylédones ayant pour type le genre *Lobelia*.

Loculicide Adjectif donné à la déhiscence de la capsule lorsqu'elle se fait au milieu des loges.

Lodicule Petit épi partiel des Graminées: épillet.

Loge. Cavité de l'ovaire formant une ou plusieurs loges selon le nombre de cloisons. Petits sacs membraneux situés de chaque côté de l'anthère, contenant le pollen.

Lomentacé. Se dit de la gousse articulée de quelques genres des Légumineuses.

Longitudinal. Vertical. Sens ordinaire de la déhiscence du fruit, de l'anthère.

Loranthées. Famille de plantes dicotylédones dans laquelle se trouve compris le Gui ou genre *Viscum*.

Lunulé. En forme de lune ou de croissant.

Lycopodiacées. Famille de plantes cryptogames, acotylédones, classée près des Fougères ; qui a pour type le genre Lycopode.

Lymphatique. S'applique aux vaisseaux séveux ou lymphatiques.

Lyrées. En forme de lyre. Feuilles pinnatifes terminées par un lobe plus grand, arrondi.

Lythrariées. Famille de plantes dicotylédones ayant pour type le genre *Lythrum*.

M

Macropode. Embryon monocotylédon large et aplati, comme dans la plupart des Graminées.

Maculé. Marqué de taches.

Magnoliacées. Famille de plantes dicotylédones, voisine des Renonculacées.

Mâle. Organe mâle de la fleur, l'étamine. Fleur mâle qui ne porte que des étamines.

Malpighiacées. Famille de plantes dicotylédones, représentée par des arbres et des arbrisseaux portant des fleurs disposées en grappes, corymbes et sertules; ayant pour type le genre *Magnolia*.

Malvacées. Famille de plantes dicotylédones comprenant la Mauve et le Baobab.

Marcescent. Se dit d'une partie quelconque de la fleur, qui se fane et se dessèche sans tomber. Calice, corolle, étamines marcescents.

Marcgraviacées. Famille de plantes dicotylédones, ordinairement ligneuses, sarmenteuses et grimpantes.

Marginal. Se dit d'un bord saillant, ou qui tient au bord.

Marginé. A bords saillants. Qui est entouré d'un bord.

Marsiléacées. Famille de plantes cryptogames, acotylédones.

Masse. S'applique au pollen lorsqu'il est réuni en masse, comme dans les Orchidées. On dit Masse pollinique.

Massettes. S'applique au pollen lorsqu'il est aggloméré en plusieurs petites masses.

Méats. Intervalles des cellules du tissu allongé.

Médiane. S'applique à la nervure longitudinale qui sépare la feuille en deux parties égales et qui fait suite au pétiole.

Médiate. Se dit de l'insertion des étamines sur la corolle; l'opposé d'immédiate, sans intermédiaire.

Médiifixe. Se dit de l'anthère lorsque le filet est fixé à sa partie moyenne.

Médivalve. Milieu des valves. Déhiscence médivalve.

Médullaire. Qui a rapport, qui tient à la moelle. Étui médullaire, canal central de la tige rempli de moelle.

Médulle externe. Nom donné par Dutrochet à la lame de tissu cellulaire qui se trouve au-dessous de l'épiderme de la tige des végétaux. Enveloppe herbacée de M. Mirbel.

Médulle interne. Nom donné par Dutrochet à la moelle des végétaux.

Médulleuses. S'applique aux tiges remplies de moelle, comme le Sureau.

Mélastomacées. Famille de plantes dicotylédones ayant pour type le genre *Melastoma*.

Méliacées. Famille de plantes dicotylédones.

Mélonide. Fruit charnu que les auteurs considèrent comme formé par le tube calicinal épaissi, renfermant plusieurs ovaires infères, soudés ou non, qu'ils regardent comme les véritables fruits. La Nèfle, le Rosier, la Poire, la Pomme, et toutes les Rosacées à ovaire infère.

Membrane. Peau mince et transparente.

Membraneux. Qui est mince et transparent. Involucre, spathe membraneux. Calice membraneux sur les bords. On dit aussi Scarieux.

Ménispermées. Famille de plantes dicotylédones ayant pour type le genre *Menispermum*.

Méricarpe. Nom donné au fruit des Ombellifères.

Mérithalle. S'applique à l'entre-nœud d'une tige, c'est-à-dire à la partie située entre deux nœuds, comme dans les Graminées.

Mésocarpe. Partie charnue du péricarpe. On dit plutôt Sarcocarpe.

Mésophylle. Nom donné par de Candolle au parenchyme de la feuille.

Métamorphose. Condition physiologique qui détermine la modification d'un seul et même organe en divers autres. Elle est normale quand elle suit la marche régulière de la végétation, et anormale lorsqu'elle ne suit pas la régularité ordinaire. Transformation des étamines en pétales, etc.

Méthode. Manière de classer les végétaux d'après certain ordre, certains principes tirés de leur organisation. Taxonomie.

Micropyle. Petit hile. Nom donné par Turpin à une petite ouverture ponctiforme qui se voit sur la graine, et à laquelle aboutit toujours la radicule de l'embryon.

Mixte. Se dit des bourgeons qui renferment des feuilles et des fleurs. Des vaisseaux qui sont tout à la fois et alternativement poreux, fendus et spiralés.

Mixtinerves. Se dit des nervures secondaires qui partent de la base de la nervure médiane et de ses parties latérales.

Mobile. Se dit des étamines dont le filet fixé au milieu ou au sommet de l'anthère les fait vaciller ou basculer. On dit dans ce cas : Anthère mobile.

Moelle. Tissu cellulaire, diaphane, lâche, spongieux, qui occupe le centre de la tige des végétaux ou étui médullaire ; vert et comme charnu dans les végétaux herbacés. Médulle interne.

Molles. Se dit des feuilles minces, douces et sans consistance.

Monadelphes. Se dit des étamines lorsqu'elles sont soudées en un seul faisceau ou androphore.

Monadelphie. Seizième classe du système sexuel de Linné.

Monandre. Fleurs qui ne portent qu'une étamine.

Monandrie Première classe du système sexuel de Linné.

Moniliforme. En chapelet. Vaisseaux en chapelet, moliniformes.

Monimiées. Famille de plantes dicotylédones à fleurs unisexuées.

Monoclines. Plantes comprises dans les vingt premières classes de la Phanérogamie de Linné, dont les fleurs sont hermaphrodites.

Monocotylédones. Plantes qui naissent avec un seul cotylédon. Embryon monocotylédon. L'une des trois divisions principales de la Méthode naturelle de Jussieu.

Monœcie. Vingt-unième classe du système sexuel de Linné, comprenant les plantes unisexuées, monoïques.

Monoépigynie. Quatrième classe de la Méthode naturelle de Jussieu, comprenant les plantes monocotylédones à étamines épigynes.

Monogyne. Fleur qui n'a qu'un style.

Monogynie. Premier ordre du système sexuel de Linné.

Monohypogynie. Seconde classe de la Méthode naturelle de Jussieu, comprenant les plantes monocotylédones à étamines hypogynes.

Mono¨que. Se dit des espèces dont les fleurs unisexuées, les unes mâles, les autres femelles, sont réunies sur le même individu.

Monopétale. Corolle formée d'une seule pièce, d'un seul pétale, comme celle des Campanules. On dit aussi Gamopétale.

Monopérigynie. Troisième classe de la Méthode naturelle de Jussieu, comprenant les plantes monocotylédones à étamines périgynes.

Monophylle. Se dit du calice monosépale, de la spathe, de l'involucre, lorsqu'ils sont formés d'une seule pièce.

Monosépale. S'applique au calice formé d'une seule pièce, d'un seul sépale. On dit aussi Gamosépale.

Monosperme. Se dit d'un fruit à une seule graine.

Morphologie. Partie de la Botanique qui traite de la forme.

Morphose Forme ; configuration ; état spécial du végétal dans toutes ses phases.

Mousses. Famille de plantes cryptogames. Acotylédones de Jussieu.

Mucroné. Terminé par une petite pointe raide.

Multicaule. A plusieurs tiges. Seigle multicaule.

Multifides. Dont les divisions sont nombreuses.

Multiflores. Dont les fleurs sont nombreuses. Tige multiflore.

Multifoliolées. Se dit des feuilles composées, digitées, qui portent un grand nombre de folioles.

Multijuguées. Feuilles oppositi-pennées ou conjuguées, dont les paires de folioles sont indéterminées.

Multilobé. A lobes nombreux.

Multiloculaire. Se dit d'un fruit à plusieurs loges, comme celui de la Mauve, du Pavot.

Multipaléacé. Se dit de l'enveloppe commune, ou Lépicène de l'épillet des Graminées quand elle est formée de plusieurs paléoles

Multiparti. Qui est profondément divisé en plus de cinq parties.

Multiple. En nombre multiplié. Se dit de plusieurs ovaires réunis dans la même fleur.

Multivité. Selon le nombre illimité des nervures ou *Vittæ* des valléeules du fruit des Ombellifères.

Muriqué. Qui est couvert de pointes.

Musacées. Famille de plantes monocotylédones ayant pour type le genre *Musa* ou Bananier.

Mutique. Qui ne porte ni arête, ni pointe, ni épines.

Myoporinées. Famille de plantes dicotylédones.

Myricées. Famille de plantes dicotylédones à fleurs unisexuées.

Myristicées. Famille de plantes dicotylédones ayant pour type le Muscadier.

Myrsinées. Famille de plantes dicotylédones ayant pour type le genre *Myrsine*.

Myrtacées. Famille de plantes dicotylédones ayant pour type le genre *Myrtus* ou Myrte.

N

Napiforme. En forme de toupie ou de Navet. Racine napiforme.

Narcissées. Famille de plantes monocotylédones ayant pour type le genre *Narcissus* ou Narcisse.

Naviculaire. Dont la forme offre une certaine ressemblance avec une nacelle.

Nayadées. Vieille famille de plantes monocotylédones de Jussieu. Fluviales de Ventenat.

Nectaire. Nom donné par Linné à des corps de différente nature, tels que glandes, disques, appendices, mais qui ne doivent s'appliquer qu'à des organes sécréteurs.

Nectarifère. Tout organe qui sécrète un suc mucoso-sucré.

Nervé. Qui porte des nervures.

Nerveux. Dont les nervures sont saillantes.

Nervures. Faisceaux de vaisseaux saillants entourés de tissu cellulaire. Prolongement saillant du pétiole ramifié sur le limbe de la feuille.

Nocturnes. S'applique aux fleurs qui ne s'ouvrent que la nuit.

Noix. Fruit de la nature de la drupe, mais dont le sarcocarpe est plus mince : l'Amandier, le Noyer.

Nopalées. Famille de plantes dicotylédones comprenant les *Cactus*.

Noueux. Qui porte des nœuds. Tige, racine noueuses qui portent des renflements ou nœuds.

Nu. Dont les enveloppes ou appendices manquent. Fleurs nues auxquelles il manque le calice et la corolle. Gorge nue qui est lisse et sans appendice. Bourgeon sans écailles.

Nucleus ou Cytoblaste. Noyau de la cellule du tissu.

Nuculaine. Fruit charnu provenant d'un ovaire supère, renfermant des petits noyaux. Le fruit du Sureau.

Nucule. Petit noyau.

Nul. Qui manque. Calice nulle, corolle nulle.

Nutant. Penché. Fleurs nutantes, penchées, comme la Jacinthe des Bois, *Scilla nutans*.

Nyctaginées. Famille de plantes dicotylédones dont le type est le genre *Nyctago*, qui compte parmi ses espèces la Belle-de-Nuit

Nymphéacées. Famille de plantes dicotylédones ayant pour type le genre *Nymphea* ou Nénuphar.

O

Ob. Placé devant un mot lui donne un sens inverse.

Obcordé. En cœur renversé.

Oblique. Incliné en biais.

Oblitéré. Diminué, qui s'est effacé.

Oblong. Se dit d'un corps plus large que long.

Oboval. Ovale renversé, dont l'extrémité supérieure est plus large.

Obové. En œuf renversé.

Obtus. Dont l'extrémité est arrondie, l'opposé de aigu.

Obtusangulé. A angles obtus. Tige obtusangulée.

Ochnacées. Famille de plantes dicotylédones.

Ochréa. Gaîne membraneuse qui accompagne parfois le pétiole et qui est formée par la soudure de deux stipules.

Octandre. Fleur à huit étamines.

Octandrie. Huitième classe du système sexuel de Linné.

Octofide. Se dit d'un calice, d'une feuille, d'un involucre à huit divisions.

Octogone. Qui porte huit angles ou huit côtés. Tige octogone.

Octoloculaire. Se dit d'un fruit à huit loges.

Octonées. Dont le verticelle est de huit feuilles. Feuilles octonées.

Octophylle. Feuille composée, à huit folioles.

Octospermes. Se dit d'un fruit à huit grains.

Œil. Rudiment de bourgeon.

Olacinées. Famille de plantes dicotylédones.

Oléinées. Famille de plantes dicotylédones ayant pour type le genre *Olea* ou Olivier. Démembrement des Jasminées.

Oligophylle. Qui a peu de feuilles. Tige oligophylle.

Oligospermes. Se dit du fruit qui renferme peu de graines, dont le nombre est déterminé.

Ombelle. Mode d'inflorescence en parasol. Lorsque les pédoncules partent d'un même point de la tige et s'étendent en donnant à l'ensemble des fleurs une surface bombée.

Ombellifères. Famille de plantes dicotylédones dont les fleurs sont disposées en parasol ou ombelle. Septième classe de la Méthode de Tournefort.

Ombellule. Ombelle partielle. Un des rameaux de l'ombelle.

Ombilic ou Hile. Point de la graine auquel tient le cordon ombilical.

Ombilical. Se dit de ce qui a rapport à l'ombilic. Cordon ombilical.

Ombiliqué. Déprimé. Se dit du stigmate quand il offre une dépression. Se dit aussi de la graine quand la cicatrice de l'ombilic est apparente. D'un fruit résultant d'un ovaire infère dont le sommet s'est déprimé, ou la base par la chute du pédoncule.

Omphalode. Petite ouverture à la partie centrale du hile ou sur l'un de ses côtés, par laquelle les vaisseaux nourriciers communiquent avec l'embryon.

Onagrariées. Famille de plantes dicotylédones ayant pour type le genre *Onagraria* ou Onagre.

Ondulée. Se dit d'une feuille ondulée sur ses bords.

Onduleuses. Feuilles sinuées, irrégulièrement ondulées.

Onglet. Partie inférieure, parfois allongée, le plus souvent atténuée d'un pétale.

Onguiculé. S'applique au pétale muni d'un onglet.

Opercule Embryotége. Valve hémisphérique de l'urne des Mousses, de la pixide ou fruit du Mouron rouge, de la Jusquiame.

Operculée. Se dit d'une graine munie d'un opercule ou embryotége.

Opposé. Qui est placé devant. On dit que les étamines sont opposées aux pétales lorsqu'elles sont insérées devant eux et non entre. On les dit opposées aux sépales, ce qui a plus souvent lieu, lorsqu'elles sont insérées devant eux.

Oppositifs. S'applique aux pétales lorsqu'ils sont insérés devant les divisions du calice ; lorsqu'ils leur sont opposés.

Oppositi-pennées. Se dit des feuilles composées dont les folioles sont disposées par paires.

Orbiculé. Dont la figure est à peu près celle d'un cercle.

Orchidées. Famille de plantes monocotylédones dont les genres principaux sont *Orchis* et *Ophrys*.

Ordre. Classification secondaire des végétaux.

Oreillettes. Lobes des feuilles auriculées.

Organes. Parties essentielles d'un végétal. Organes de la floraison, de la fructification, formés de fibres et de parenchyme. Organes élémentaires qui doivent constituer par leur combinaison les organes composés. Organes composés, combinaison des organes élémentaires.

Organogénie. Connaissance de la manière dont les organes se développent.

Organographie. Partie de la Botanique qui décrit la structure des organes des végétaux, de leur forme, de leurs rapports. L'une des trois divisions de la physique végétale.

Orobanchées. Famille de plantes dicotylédones parasites ou terrestres, ayant pour type le genre *Orobanche*.

Orthosperme. Se dit de l'akène des Ombellifères lorsque la face commissurale de la graine est plane.

Orthotrope. Nom donné à l'embryon rectiligne par C. Richard.

Osseux. Très dur, de la nature du bois ; noyau.

Ovaire. Partie inférieure du pistil, contenant les ovules.

Ovarienne. S'applique à la cavité de l'ovaire ou à sa voûte.

Ovoïdal. Se dit d'un corps qui a la forme d'un œuf.

Ovoïde. En forme d'œuf.

Ovule. Rudiment de la graine, son premier état.

Oxalidées. Famille de plantes dicotylédones ayant pour type le genre *Oxalis*.

P

Paillettes. Soies ou lames minces et fines de substance scarieuse qui garnissent souvent le réceptacle des fleurs composées ou agrégées.

Palais. Renflement particulier de la lèvre inférieure de la corolle irrégulière des *Antirrhinum* et autres bilabiées.

Paléacé. Se dit du réceptacle garni de paillettes.

Paléiforme. En forme de paillettes.

Paléole. On donne ce nom à chacune des écailles qui forment la glumelle des Graminées.

Palmées. Feuilles simples à divisions profondes, et dont les nervures, partant du sommet des pétioles, se dirigent vers le milieu des divisions. On donne aussi ce nom à la racine didyme.

Palmiers. Famille de plantes monocotylédones.

Panaché. Se dit d'une partie quelconque de la plante sur laquelle deux couleurs se confondent. Feuilles, corolle, spathe, panachées.

Pandanées. Famille de plantes créée par M. R. Brown au préjudice de celle des Thyphacées.

Pandurées. En forme de violon. Adjectif donné par les auteurs aux feuilles arrondies aux deux extrémités, et dont le milieu est rentrant.

Panicule. Mode d'inflorescence. Réunion par étage de fleurs sur un axe commun ramifié, dont les divisions secondaires sont très allongées et écartées, comme dans beaucoup de Graminées.

Paniculées. Se dit des fleurs disposées en panicule.

Papavéracées. Famille de plantes dicotylédones ayant pour type le genre *Papaver* ou Pavot.

Papilionacées. Nom donné par Tournefort aux corolles irrégulières des Légumineuses. Dixième classe de sa Méthode.

Papillaires. Se dit d'une sorte de glande imitant les papilles, et que l'on rencontre particulièrement sur les Labiées.

Papilles. Petites éminences qui recouvrent certains organes, le stigmate, les grains de pollen ou utricules.

Papilleux. Qui est couvert de papilles. Se dit souvent du stigmate et de la membrane qui recouvre les grains polliniques lorsqu'elle est parsemée de petites éminences ou papilles. On dit alors : Membrane utriculaire papilleuse.

Pappiforme. Se dit d'un corps, d'un appendice qui a la forme d'une aigrette.

Papyracé. Qui est mince, sec, de la consistance du papier.

Parabolique. Se dit d'une feuille oblongue, arrondie à sa partie supérieure, comme tronquée inférieurement.

Parasite. S'applique au végétal qui vit aux dépens d'un autre, comme le Gui, la Cuscute.

Parenchymateux. Se dit d'un organe pourvu de parenchyme.

Parenchyme. Partie charnue, souvent succulente, d'un fruit, d'une feuille. Tissu cellulaire tendre et spongieux, dans lequel se fait la décomposition de l'acide carbonique absorbé.

Pariétal S'applique à ce qui tient à la paroi. Placenta pariétal qui est fixé à la paroi de l'ovaire. Cloisons pariétales, celles qui naissent de la paroi de l'ovaire.

Paripennées. Se dit des feuilles pennées dont les folioles sont disposées par paires. On dit aussi Oppositi-pennées.

Paronychiées. Famille de plantes dicotylédones ayant pour type le genre *Paronychia.*

Partible. Se dit d'un corps qui peut se diviser en plusieurs parties.

Partiel. Incomplet, une fraction de l'ensemble. Ombelle partielle, ombellule.

Passiflorées. Famille de plantes dicotylédones composée d'arbustes sarmenteux pourvus de vrilles, ayant pour type le genre *Passiflora* ou Passiflore.

Pathologie végétale. Troisième division de la Physique végétale, qui traite des altérations, de l'état morbide des végétaux.

Pauciflore. Se dit d'une tige qui porte peu de fleurs.

Paucijugué. Se dit du fruit des Ombellifères sur lequel il y a peu de côtes, ou Juga.

Paucivitté S'applique au fruit des Ombellifères sur lequel il n'y a qu'une seule bandelette ou *vittæ* dans les vallécules internes.

Pectiné. En forme de peigne. Se dit de la feuille pinnatifide dont les divisions sont étroites et presque vis-à-vis.

Pédalée. S'applique à la feuille composée de deux folioles écartées supportées par un seul pétiole comme une pédale.

Pédicelle. Pédoncule partiel d'une ramification du pédoncule.

Pédicule. Tige des Champignons.

Pédoncule. Support ou queue de la fleur.

Pédonculé. Se dit d'une fleur supportée par un pédoncule, l'opposé de sessile.

Pédonculéennes. Se dit des vrilles qui tiennent lieu de pédoncule, qui supportent les fleurs.

Pellicule. Membrane mince.

Pelliculeux. Se dit souvent du périsperme lorsqu'il est très mince et presque réduit à une pellicule. Surface couverte de pellicules.

Pélorie. Fleurs régulières, anomales, des *Linaria.*

Pelté. En forme de bouclier. Se dit d'une feuille arrondie, dont le pétiole est attaché sur le milieu de sa face inférieure. On dit aussi : Stigmate pelté, lorsque cet organe offre la même forme.

Pendantes. Se dit des feuilles qui s'abaissent vers la terre, ainsi que des étamines dont les filets sont trop longs et trop faibles pour supporter l'anthère.

Pénicelliforme. En forme de pinceau.

Pennée. Feuille composée dont les folioles sont disposées sur un pétiole commun, comme les pennes d'un oiseau.

Pentagone. A cinq angles. Tige, calice, fruit pentagones.

Pentagyne. Fleur qui porte cinq styles.

Pentagynie. Cinquième ordre du système sexuel de Linné.

Pentakène. Fruit formé de cinq akènes.

Pentandre. Fleurs qui portent cinq étamines.

Pentandrie. Cinquième classe du système de Linné.

Pentapétale. Corolle de cinq pétales.

Pentasépale. Calice de cinq sépales.

Pentasperme. Fruit à cinq graines.

Péponide. Fruit charnu intérieurement, succulent, des Cucurbitacées. Fruits à pépins.

Perfoliée. Feuilles paraissant percées par la tige, que la tige traverse.

Perforée. Se dit d'un corps sur lequel existe une perforation, telles que celles que l'on voit souvent sur la graine : Omphalode, micropyle, etc.

Périanthe. Nom donné par Linné aux enveloppes florales. Calice, périanthe externe ; corolle, périanthe interne.

Péricarpe. Synonyme de fruit, mais qui s'applique cependant à sa partie extérieure. Le péricarpe est formé de trois parties, de l'épicarpe ou peau extérieure, du sarcocarpe partie charnue intermédiaire, et de l'endocarpe, membrane mince qui le tapisse intérieurement.

Péricarpique. S'emploie pour désigner la direction de la graine lorsqu'elle est encore fixée au placenta. Direction péricarpique.

Péricarpoïde. Se dit de la cupsle de certains fruits des Querciniées lorsqu'elle n'est pas divisée et qu'elle recouvre le fruit.

Péricorollie. Neuvième classe de la méthode naturelle de Jussieu, comprenant les plantes dicotylédones à corolle monopétale périgyne.

Périgone. Calice et corolle soudés ensemble, ordinairement colorés, représentant une corolle, comme dans toutes les monocotylédones, et un assez grand nombre de dicotylédones, telles que les Daphnées et les Polygonées. Nom donné par De Candolle.

Périgyne S'applique à l'insertion des étamines quand elle se fait sur le calice, autour de l'ovaire.

Périgynique. Mode d'insertion des étamines sur le calice.

Péripétalie. Quatorzième classe de la Méthode naturelle de Jussieu, comprenant les plantes dicotylédones polypétales, à étamines périgynes.

Périsperme. Partie intérieure de la graine, formée de tissu cellulaire, charnue, farineuse, oléagineuse, cornée ou mince et membraneuse, destinée à la nourriture de l'embryon, soluble pendant la germination. On dit aussi Endosperme et Albumen.

Périspermique. Se dit de l'embryon pourvu d'un périsperme.

Péristaminie. Sixième classe de la Méthode naturelle de Jussieu, comprenant les plantes apétales dicotylédones à étamines périgynes.

Péristome Contour de la déhiscence de l'urne des Mousses.

Péritrope. Nom donné à la graine dont la direction, sur le placenta, est horizontale.

Persistant. Se dit des différentes parties de la fleur qui persistent après la fructification. Calice, style persistants; corolle, étamines persistantes. Se dit aussi des feuilles du Pin, du Sapin, du Thuya, qui sont persistantes.

Personnées. Nom donné par Tournefort à la corolle monopétale irrégulière, en forme de mufle, des Antirrhinées. Troisième classe de sa Méthode.

Pertuse. On nomme ainsi la feuille dont la superficie est percée de trous, comme celles des Millepertuis.

Pétale. Une des divisions de la corolle polypétale ou dialypétale.

Pétaloïde. Se dit des sépales lorsqu'ils sont colorés comme les pétales.

Pétiolaire. Se dit du pédoncule lorsqu'il fait corps avec le pétiole.

Pétiole Support ou queue de la feuille.

Pétiolée. Se dit d'une feuille qui est supportée par un pétiole.

Pétioléennes Se dit des vrilles qui tiennent la place de pétioles.

Pétiolule. Pétiole de la foliole d'une feuille composée.

Phanérogames Plantes à organes sexuels apparents, comprises dans l'une des deux sections principales du système de Linné. Plantes embryonées, monocotylédones et dicotylédones de Jussieu.

Phanérogamie. Deuxième section des végétaux du système sexuel de Linné.

Phoranthe. Réceptacle commun des fleurs composées

Phyllode. Pétiole dilaté en forme de feuille et qui la remplace parfois.

Phyllotaxie. Arrangement des feuilles sur la tige.

Physiologie végétale. Deuxième division de la physique végétale. Etude des organes relativement à leurs fonctions.

Physique végétale. Seconde branche de la botanique, comprenant l'organogénie, la physiologie et la pathologie.

Phytographie. Troisième division de la première branche de la Botanique, qui a pour objet la description des végétaux. Botanique descriptive.

Piléole. La plus extérieure des petites feuilles de la gemmule de l'embryon monocotylédon, qui enveloppe les autres.

Pinnatifide On nomme ainsi les feuilles simples, découpées latéralement en lobes irréguliers plus ou moins profonds.

Pinnules. Se dit des lobes de la fronde ou feuille des fougères.

Piquantes. Se dit des feuilles terminées par une pointe raide.

Pistil. Organe sexuel femelle placé au centre de la fleur. Le pistil se compose de l'ovaire situé à sa partie inférieure, du style qui surmonte l'ovaire, et du stigmate qui termine le style.

Pistillaire. Se dit des cordons ou filets qui transmettent aux ovules l'influence du pollen.

Pittosporées. Famille de plantes dicotylédones, dans laquelle se trouve compris le genre *Billardiera*, créé par Smith en l'honneur de l'illustre voyageur de Labillardière.

Pivotantes. S'applique aux racines simples qui pénètrent perpendiculairement dans la terre.

Pixide. Capsule qui s'ouvre transversalement en une valve, comme la capsule du Mouron rouge.

Placenta. Partie interne de l'ovaire à laquelle les ovules sont fixés. Centre des filets pistillaires et nourriciers qui apportent d'une part les sucs d'assimilation, de l'autre l'influence des granules polliniques.

Placentation. Nom donné au mode d'attache des placentas. Il y a trois modes de placentation, l'une pariétale, la seconde suturale carpellaire, la troisième columellaire.

Planes. Se dit des feuilles qui ne sont ni creuses ni bombées.

Plantaginées. Famille de plantes dicotylédones ayant pour type le genre *Plantago* ou Plantain.

Plante. Dénomination de toute production végétale. Dans un sens plus restreint se dit particulièrement des plantes herbacées annuelles ou à racine vivace.

Plantule. Embryon développé sortant de la graine.

Pleine. Se dit de la fleur dont toutes les étamines se sont métamorphosées en pétales; qui n'a plus d'étamines, qui ne peut se reproduire. Tige pleine qui n'est pas fistuleuse.

Pliées. Disposition des feuilles dans le bourgeon. Feuilles pliées une ou plusieurs fois sur elles-mêmes, un côté sur l'autre, de haut en bas, etc.

Plissées. Disposition des feuilles dans le bourgeon. Feuilles plissées en éventail, comme les Groseillers.

Plumbaginées. Famille de plantes dicotylédones, dans laquelle se trouvent compris les *Statice*.

Plumeux. Se dit des poils qui portent latéralement d'autres poils plus petits, disposés comme les barbes d'une plume. On dit Aigrette plumeuse quand elle est formée de ces sortes de poils.

Plumule. Nom donné autrefois à la gemmule de l'embryon.

Pluriloculaire. Se dit d'un fruit à plusieurs loges.

Podogyne. Amincissement de la base de l'ovaire formant un petit pivot qui élève le pistil.

Podosperme. Funicule, ou cordon ombilical. Expansion filiforme du placenta unie à l'ovule.

Poils. Filets déliés qui couvrent une grande partie des végétaux. Organes d'absorption et d'exhalation.

Poilu. Qui est couvert de poils simples, mous, peu nombreux. Aigrette poilue formée de poils simples.

Polakène. Fruit qui se sépare à sa maturité en plusieurs akènes.

Polémoniacées. Famille de plantes dicotylédones ayant pour type le genre *Polemonium*. Elle comprend les Phlox.

Pollen. Poussière fécondante contenue dans les loges de l'anthère ; grains ou utricules renfermant les granules fécondants.

Polliniques. Se dit des granules fécondants.

Polyadelphes. Fleurs dont les étamines sont soudées en plusieurs faisceaux ou androphores.

Polyadelphie. Dix-huitième classe du système de Linné.

Polyandre. Fleur qui porte vingt à cent étamines hypogynes.

Polyandrie. Treizième classe du système de Linné.

Polyédrique. S'applique à l'une des formes qu'affecte le pollen.

Polygalées. Famille de plantes dicotylédones ayant pour type le genre *Polygala*.

Polygame. Se dit des plantes qui portent des fleurs mâles, des fleurs femelles et des fleurs hermaphrodites.

Polygamie. Vingt-troisième classe du système de Linné.

Polygonées. Famille de plantes dicotylédones ayant pour type le genre *Polygonum*, qui compte parmi ses espèces le *Polygonum fapygorum* ou *Sarrazin*, ou Blé noir.

Polygynie. Un grand nombre de styles. Neuvième ordre du système de Linné.

Polymorphe. Qui affecte plusieurs formes.

Polypétale. Corolle formée de plusieurs pétales. On dit aussi Dialypétales.

Polysépale. On donne ce nom au calice formé de plusieurs sépales. On dit aussi Dialysépale.

Polysperme. Se dit d'un fruit qui porte plusieurs graines.

Ponctué. Parsemé de points transparents Feuille ponctuée.

Pontédériacées. Famille de plantes monocotylédones créée par M. Kunt

Pores. Petits tubes qui garnissent la face inférieure du chapeau des Bolets. Déhiscence de certains fruits. Pores corticaux, petites ouvertures ou bouches aspirantes qui se trouvent sur l'épiderme des végétaux.

Poreux. Qui a des pores. Vaisseaux poreux aériens.

Portulacées. Famille de plantes dicotylédones ayant pour type le genre *Portulaca*.

Précombante Se dit d'une tige couchée sur la terre sans être radicante.

Préfloraison. État de la fleur avant l'épanouissement.

Préfoliation. Arrangement des feuilles dans le bourgeon.

Primordiales. On nomme ainsi les premières feuilles de la gemmule.

Primulacées. Famille de plantes dicotylédones ayant pour type le genre *Primula* ou Primevère.

Principe. Terme qui a rapport à la constitution chimique des végétaux. Corps simples qui entrent dans la constitution des mixtes. Les sucs de la terre, principe de végétation qu'elle renferme.

Prismatique. Dont la forme approche de celle d'un prisme ayant des angles et des faces. Calice, fruits prismatiques.

Procombante. Se dit de la tige qui tombe à terre.

Progressive. On donne improprement le nom de racine progressive au rhizome ou tige souterraine qui s'accroît progressivement.

Prolifère. Se dit d'une fleur dont le disque donne naissance à une autre fleur. Tige qui ne pousse des rameaux que du sommet, comme le Pin.

Propre. Qualité particulière propre à l'espèce, au genre. Sucs propres. Vaisseaux propres ou réservoirs des sucs propres résineux, laiteux, etc.

Prosenchyme. Tissu formé par la réunion des fibres.

Protéacées. Famille de plantes dicotylédones, ligneuses, indigènes du cap de Bonne-Espérance et de la Nouvelle-Hollande.

Pseudospermes Fausses graines. Fruits considérés autrefois comme des graines nues, tels que ceux des Borraginées, des Labiées ; carpelles, akènes.

Pubescence. Léger duvet qui couvre les végétaux.

Pubescent. Se dit d'une partie quelconque de la plante qui est couverte d'un léger duvet. Calice pubescent, tige, feuilles pubescentes.

Pulpe. Chair succulente d'un fruit à maturité.

Pulpeux Qui est pourvu de pulpe : la Groseille, l'Épine-Vinette.

Pulvérulent. Se dit d'un corps qui paraît couvert de poussière.

Pyramidal. En forme de pyramide, large de la base, rétréci au sommet.

Pyriforme. Se dit d'un ovaire, d'un fruit en forme de poire.

Q

Quadrangulée. S'applique à la feuille dont le limbe figure quatre angles.

Quadridenté. S'applique au calice dont le limbe est divisé en quatre dents.

Quadrifoliée. Se dit d'une tige à quatre feuilles.

Quadrifoliolée. S'applique aux feuilles composées dont les folioles sont au nombre de quatre.

Quadrifide. S'applique au calice et aux feuilles dont les divisions étroites et peu profondes sont au nombre de quatre.

Quadrijuguées. Se dit des feuilles conjuguées ou oppositi-pennées qui ont quatre paires de folioles.

Quadrilobé. S'applique à la corolle monopétale à quatre lobes ; au stigmate ; au placenta lobé dans un ovaire à quatre loges ; aux feuilles, lorsque ces différents organes sont divisés en quatre parties arrondies.

Quadriloculaire. Se dit d'un ovaire, d'un fruit, d'une anthère à quatre loges.

Quadriparti. Se dit d'un calice profondément divisé en quatre parties.

Quadrisériées. Se dit des feuilles imbriquées disposées en quatre séries longitudinales.

Quadrivalves. Se dit d'un fruit ou capsule, déhiscent en quatre valves.

Quaterné. Se dit des parties disposées par quatre. Verticille de quatre feuilles.

Querciniées. Famille de plantes dicotylédones ayant pour type le genre *Quercus* ou Chêne. Elle comprend aussi le Châtaignier.

Quinées. Se dit des feuilles verticillées par cinq.

Quinquédenté. S'applique surtout au calice monosépale denté au sommet en cinq dents.

Quinquéfide. Se dit des feuilles dont les divisions étroites et peu profondes sont au nombre de cinq. Se dit aussi du calice monosépale.

Quinquéfoliolées. Se dit des feuilles composées digitées dont les folioles sont au nombre de cinq.

Quinquéjuguées. Se dit des feuilles conjuguées qui ont cinq paires de folioles.

Quinquélobée. Se dit de la corolle monopétale et de la feuille dont les divisions assez larges sont au nombre de cinq.

Quinquéloculaire. Se dit d'un fruit à cinq loges.

Quinquéparti. Se dit d'un calice profondément divisé en cinq parties.

Quinquévalve. Se dit d'un fruit à cinq valves.

R

Rachis. Pédoncule commun non ramifié de l'épi.

Racine. Partie souterraine d'un végétal de formes diverses, tubéreuse, bulbeuse, pivotante ou fibreuse ; se composant de trois parties : le collet, ou nœud vital intermédiaire entre la tige et la racine, le corps et les radicelles.

Radical Qui tient, qui adhère à la racine. Feuilles radicales qui naissent du collet de la racine. Pédoncule radical qui part de l'aisselle d'une feuille radicale dans les plantes qui n'ont point de tige.

Radicante. S'applique à la tige couchée sur la terre et qui s'y enracine dans toute son étendue.

Radicelles. Fibres déliées qui garnissent la racine. Chevelu.

Radicule. Extrémité inférieure de l'embryon. Partie rudimentaire de la racine.

Radiculode. Extrémité inférieure de l'embryon monocotylédon des Graminées, par où sortent les tubercules radicellaires.

Radiées. Nom donné par Tournefort aux fleurs composées dont le centre est formé par des fleurons et la circonférence par des demi-fleurons. Quatorzième classe de sa Méthode. Corymbifères.

Raide. Se dit souvent de la tige qui est droite, qui se soutient, qui se dresse, qui n'est pas flexible.

Rameau. Division, branche secondaire d'un végétal.

Rameux. Tige rameuse qui porte des rameaux. Pédoncule rameux qui se divise en pédicelles. Épine rameuse.

Ramifié. Se dit d'une tige, d'une branche, d'un pétiole, d'un pédoncule, divisés en rameaux. On dit aussi : Épines, Poils ramifiés.

Ramille. Division d'un rameau.

Rampant. Se dit du rhizome ou souche dont la direction est horizontale. S'applique aussi à la tige couchée sur la terre et qui produit des racines, comme la tige rampante du *Glechoma hederacea*.

Ramuscule. Division successive d'un rameau.

Raphé. Faisceau de vaisseaux qui rampent dans l'épaisseur du spermoderme, et forme une ligne saillante sur une des parties latérales de l'ovule aboutissant à la chalaze ou ombilic interne.

Raphides. Faisceau de cristaux du tissu cellulaire offrant l'apparence de fines aiguilles.

Rayon. On donne ce nom à chaque ramification de l'ombelle. Rayons médullaires, lames qui partent de la moelle et vont atteindre la circonférence.

Rayonnant. Se dit d'un corps disposé en rayons.

Réceptacle. Sommet évasé du pédoncule supportant immédiatement la fleur. On nomme Réceptacle commun celui sur lequel sont insérées un certain nombre de fleurs, comme dans les Composées, les Dipsacées, etc. Réceptacle charnu, alimentaire de l'Artichaut.

Réclinée. Se dit d'une tige dressée à sa base et dont la partie supérieure est brusquement réfléchie.

Réfléchi. Rabattu en dehors. Se dit des divisions du calice dont le sommet se renverse en dehors. S'applique également à la direction renversée de la feuille. Calice réfléchi de la Renoncule bulbeuse.

Régulier. Dont toutes les parties sont régulières et donnent au corps une forme symétrique. Corolle régulière, calice régulier par opposition aux fleurs irrégulières.

Rejet. Tige secondaire, rampante, naissant du collet de la racine, émettant des rejetons, comme la Violette, le Fraisier, Stolons.

Réniforme. En forme de rein. Graine réniforme, comme celle du Haricot.

Renonculacées. Famille de plantes dicotylédones ayant pour type le genre *Ranunculus* ou Renoncule.

Résédacées. Famille de plantes dicotylédones ayant pour type le genre *Reseda*.

Réservoirs. On donne ce nom aux vaisseaux contenant les sucs propres des végétaux et qui se trouvent dans l'écorce, la moelle, les feuilles, la tige, les fruits.

Restiacées. Famille de plantes monocotylédones, créée par M. R. Brown, ayant pour type le genre *Restia*, de Linné.

Réticulé. Comme couvert d'un réseau. Graine réticulée, dont le spermoderme est marqué d'un réseau.

Rétrofléchi. Se dit d'un corps fléchi sur lui-même.

Rétus. Comme obtus.

Révoluté. Se dit de la direction de la feuille lorsqu'elle est roulée en dehors. Feuille révolutée.

Rhamnées. Famille de plantes dicotylédones ayant pour type le genre *Rhamnus* ou Nerprun.

Rhinanthacées. Famille de plantes dicotylédones, qui a pour type le genre *Rhinanthus*. Confondue aujourd'hui dans celle des Scrophularinées.

Rhizome. Tige souterraine dont la direction est ordinairement horizontale, émettant de nouvelles tiges à son extrémité antérieure et conservant l'empreinte des feuilles des années précédentes. Souche, racine succise, progressive, sigillée. L'Iris, le Muguet, le *Nymphea*.

Rhomboïdale. Se dit de la figure de la feuille quand elle présente quatre angles dont deux opposés plus aigus.

Ribésiées. Famille de plantes dicotylédones ayant pour type le genre *Ribes* ou Groseiller. Grossulariées de De Candolle.

Roncinée. Feuille pinnatifide à lobes aigus et recourbés.

Rosacées. Famille de plantes monocotylédones ayant pour type le genre *Rosa* ou Rose. Le Fraisier, l'Abricotier, le Pêcher, le Cerisier, le Prunier, etc.; les Potentilles. Sixième classe de la Méthode de Tournefort.

Roselées. Se dit des feuilles disposées en rosace, en rosette.

Rosette. Disposition symétrique de feuilles radicales en rosace.

Rotacé. Se dit de la corolle en roue, à tube court, et dont le limbe est étalé.

Rostré. Qui se termine en bec.

Rubiacées. Famille de plantes dicotylédones dont font partie la Garance, *Rubia tinctorum*; le Café.

Rugueux. A surface inégale, granuleuse.

Ruptile. Se dit d'un fruit qui se rompt ou se déchire à maturité; le Melon par exemple. S'applique aussi à la spathe qui se déchire irrégulièrement pour laisser sortir les fleurs.

Rutacées. Famille de plantes dicotylédones ayant pour type le genre *Ruta* ou Rue, créé par Tournefort.

S

Sac amniotique. Petit sac celluleux dans lequel l'embryon commence à se montrer, ordinairement rempli d'un fluide mucilagineux. Amnios.

Sagitté. En fer de flèche. Feuille, anthère sagittées.

Saillant. Se dit d'un organe qui fait saillie. Style saillant, étamines saillantes qui s'élèvent au-dessus de la fleur.

Salicinées. Famille de plantes dicotylédones, apétales, dont le type est le genre *Salix* ou Saule. Le genre *Populus* ou Peuplier en fait partie.

Samare. Capsule indéhiscente ailée, propre aux Érables, à l'Orme, etc.

Santalacées. Famille de plantes dicotylédones dont le type indigène est le genre *Thesium*.

Sapindacées. Famille de plantes dicotylédones ayant pour type le genre *Sapindus*.

Sapotacées. Famille de plantes dicotylédones.

Sarmenteux. On nomme ainsi les végétaux dont les tiges et les rameaux ligneux sont rampants ou grimpants, comme la Vigne.

Saururées. Famille de plantes monocotylédones ayant pour type le genre *Saururus*, créé par Linné.

Saxifragées. Famille de plantes dicotylédones ayant pour type le genre *Saxifraga* ou Saxifrage.

Scabre. Rude au toucher, dont la surface est couverte d'aspérités.

Scalariforme. Nom qui se donne aux vaisseaux rayés dont les raies transversales peuvent se comparer aux barreaux d'une échelle.

Scape. Hampe.

Scarieux. Sec, mince, membraneux, transparent. Calice scarieux sur ses bords.

Scrobicule. Petites fossettes que l'on rencontre souvent sur la graine.

Scrobiculé. Se dit du spermoderme ou peau de la graine quand il est parsemé de petits creux ou scrobicules.

Scrophularinées. Famille de plantes dicotylédones ayant pour type le genre *Scrophularia*. Les *Antirrhinum*, les *Linaria* ou Linaires, les *Digitalis* ou Digitale, les *Verbascum* ou Bouillon-Blanc en font partie.

Scrotiforme. S'applique à deux parties solides, ovoïdes, soudées ensemble supérieurement.

Scutelle. Cupule des Lichens.

Scutelliforme. En forme d'écuelle, de scutelle.

Sectile. On donne ce nom à la masse pollinique réunie par un réseau élastique, comme dans les Orchis et les Ophrys.

Segment. Division profonde, lobes profondément divisés.

Semi. Synonyme de demi, moitié.

Semi-adhérent. Qui adhère à moitié, en partie. Ovaire semi-adhérent au calice ; semi-infère.

Semi-flosculeuses. Nom donné par Tournefort aux fleurs composées dont la corolle déjetée en languette porte le nom de demi-fleurons. Treizième classe de la Méthode de Tournefort. Chicoracées.

Semi-infère. Se dit d'un ovaire qui n'est libre qu'à sa partie supérieure.

Semi-luné. Dont la forme est à peu près semblable à une demi-lune ou croissant.

Séminales. S'applique aux feuilles ou cotylédons épigés, amincis, foliacés de la plantule.

Séminifères. Qui porte les graines. Cloisons, valves séminifères.

Séminiforme. En forme de graine.

Semi-ovale. Figure demi-ovale.

Semi-sagitté. En fer de flèche coupé verticalement.

Sépale. L'une des parties du calice polysépale.

Septicide. Se dit de la déhiscence de la capsule lorsqu'elle se fait vis-à-vis des cloisons qu'elle divise souvent en deux lames.

Septifrage. S'applique aussi à la déhiscence de la capsule lorsque la cloison reste entière et libre.

Sérié. S'applique à différents organes disposés en séries, particulièrement aux ovules lorsqu'ils sont placés symétriquement sur le placenta, formant une ou plusieurs rangées verticales.

Serrulé. Découpé en dents de scie.

Sertule. Inflorescence. Assemblage de pédoncules uniflores naissant d'un même point et à peu près égaux, comme la Primevère.

Sessile. S'applique à tout organe qui n'a point de support ; à une feuille qui n'a pas de pétiole, à une fleur qui n'a point de pédoncule, à une étamine privée de son filet. On dit aussi Ovaire sessile lorsqu'il n'est point stipité. Stigmate sessile quand le style manque.

Sétacé. Délié, raide, comme un crin.

Séve. Humeur nutritive des végétaux, liqueur limpide, incolore, insipide, inodore, dont les fonctions peuvent être comparées à celles du sang dans les animaux. Séve ascendante, séve descendante élaborée, cambium.

Séveux. S'applique aux vaisseaux qui charrient la séve.

Sexfide. Feuilles simples à six fides ou divisions étroites et peu profondes.

Sexloculaire. Se dit d'un fruit à six loges.

Sexvalve. S'applique au fruit sec et déhiscent à maturité ou capsule, dont la déhiscence se fait en six valves.

Sigillé. Racine sigillée, rhizome.

Silicule. Petite silique plus large et moins longue.

Siliculé. Se dit du fruit de la nature de la silicule.

Silique. Capsule allongée, étroite, comprimée, ordinairement déhiscent en deux valves; propre à la famille des Crucifères.

Siliquiforme. En forme de silique.

Sillon. Lignes verticales ou rainures qui marquent sur les loges de l'anthère le point ou sillon de la déhiscence. Petite gouttière qui se voit parfois sur le pétiole.

Sillonné. Creusé de un ou plusieurs sillons. Cannelé.

Simple. Se dit de la fleur dans son état naturel et non forcé, doublée, par la culture. Réceptacle simple, qui ne porte qu'une fleur, par opposition au réceptacle commun des Composées par exemple. Pédoncule et pétiole simples, qui ne sont point ramifiés. Se dit aussi des épines, des poils. Tubes simples, vaisseaux non poreux qui aident à la circulation de la séve. Embryon indivis des monocotylédones.

Sinué. Qui présente des échancrures arrondies.

Sinuolé. Dont les bords sont légèrement flexueux.

Sinus. Échancrure. Partie rentrante des bords d'une feuille, d'un pétale, d'un sépale.

Soie. Poil long, doux, brillant.

Solanées. Famille de plantes dicotylédones comprenant la Douce-amère, le Tabac, la Jusquiame, la Belladone, le Datura, l'Aubergine, etc.

Solide. S'applique à la tige qui n'est pas creuse, qui est pleine.

Solitaire. Qui est seul. Fleur solitaire qui naît seule à l'aisselle des feuilles ou qui termine la tige. Se dit aussi des épines lorsqu'elles sont seules au point de l'insertion.

Sommet. Partie la plus élevée, la plus saillante d'une plante ou de l'un de ses organes. Sommet de la feuille, la partie opposée au pétiole. Le sommet de l'ovaire, la partie rétrécie en style. Sommet de la graine, extrémité opposée au hile.

Sores. Petites masses agrégées de capsules contenant les sporules ;

se développant dans les Fougères, sous l'épiderme des frondes ou feuilles qui leur sert d'indusie.

Sorose. Nom donné par M. Mirbel à un fruit composé, charnu, succulent, mamelonné, de la nature de la baie, comme l'Ananas, le Mûrier.

Souche. Tige souterraine, rhizome.

Sous-arbrisseau. Végétal demi-ligneux, suffrutescent.

Soyeux. Se dit des poils longs, doux, brillant et souvent blancs.

Spadice. Pédoncule commun portant des fleurs unisexuées, apétales. Inflorescence propre aux monocotylédones.

Spathe. Involucre de forme particulière, de diverses substances, qui entoure une ou plusieurs fleurs, comme dans beaucoup de monocotylédones. Spathe herbacée, comme dans l'*Arum vulgare*, ligneuse comme dans le Dattier, membraneuse comme dans les *Hydrocharis morsus-ranæ*, colorée ou pétaloïde, comme dans le *Butomus umbellatus*, etc.

Spathelle. Nom donné aux deux écailles ou paillettes de la glume des Graminées.

Spathellule. On nomme ainsi chaque écaille de la glumelle des Graminées.

Spathille. Petite spathe entourant une des fleurs déjà renfermées dans une spathe commune.

Spatulé. Se dit particulièrement des feuilles dont la figure est celle d'une spatule; arrondies au sommet, rétrécies à la base.

Spermoderme ou **Peau de la graine.** Tégument séparable en deux lames, l'une externe nommée Testa, l'autre interne nommée Tegmen.

Sphérique. S'applique surtout à la forme du stigmate, de l'ovaire, et de certains grains de pollen.

Spiciforme. Inflorescence en épi.

Spiculé. Se dit d'un épi ramifié composé d'épillets.

Spinelleux. Se dit des végétaux qui portent des épines.

Spinescent. Se dit des rameaux qui portent des épines et des stipules épineuses. Stipules spinescentes.

Spirale. Disposition en spirale des fleurs autour du rachis. Fil spiral de la trachée.

Spirale soudée. Se dit des vaisseaux dont la spirale ne se déroule pas. On les nomme vaisseaux en spirale soudée par opposition à la spirale qui se déroule.

Spiralés. Se dit des vaisseaux roulés en spirale; d'appendices tels que les vrilles. Pédoncule spiralé du *Valisneria spiralis*.

Spiraux. S'applique aux vaisseaux ou trachées formés d'une lame argentine roulée en spirale sur elle-même, qui se trouve autour de la moelle des végétaux dicotylédons, et aux centres des filets ligneux dans les monocotylédons.

Spire. Chaque anneau autour de la spirale.

Spongieux. Dont le tissu ressemble à une éponge.

Spongioles. Bouches aspirantes des radicules carpillaires de la racine.

Sporules. Corpuscules reproducteurs analogues aux bulbilles contenus ordinairement dans des utricules ou capsules des plantes cryptogames ou agames.

Squames. Petites écailles.

Squameux. Se dit de toutes les parties qui portent des squames. Chapeau squameux de l'*Agaricus procerus*.

Squamiforme. De la nature de la squame. Bractée, stipule squamiformes.

Squarreux. Qui est couvert d'écailles rapprochées, raides et recourbées.

Staminifère. Se dit en parlant de l'appareil des étamines. On dit aussi Androcée. On s'en sert aussi pour désigner le filet de l'étamine : filet staminifère.

Stigmate. Partie supérieure, glanduleuse du style, ou de l'ovaire quand le style manque, qui reçoit et transmet l'influence du pollen.

Stipe. Tige propre aux arbres monocotylédons.

Stipité. Se dit de tout organe supporté par un pivot. Ovaire stipité, élevé sur un podogyne.

Stipulacées. Se dit des bourgeons lorsqu'ils sont enveloppés par les stipules.

Stipules. Écailles foliacées ou scarieuses de différentes formes, qui accompagnent souvent le point d'insertion des feuilles.

Stipulées. S'applique aux feuilles munies de stipules.

Stolon. Petite tige grêle, latérale, qui naît de la base de la tige principale et qui peut s'enraciner. Rejet rampant.

Stolonifère. Tige stolonifère, traçante, qui émet des stolons.

Stomates. Bouches aspirantes ou pores corticaux.

Strie. Lignes tracées parfois en tous sens sur les feuilles, sur les graines, etc.

Strié. Se dit d'une surface marquée de lignes ou de fines cannelures. Spermoderme strié ; feuilles striées.

Strobile ou **Cône.** Fruit des Conifères, du Pin, du Sapin.

Style. Partie supérieure atténuée, allongée, filiforme de l'ovaire, terminée par le stigmate; creusée intérieurement d'un canal servant à la transmission pollinique.

Stylopode. Disque qui couronne l'ovaire des Ombellifères et entoure le pied du style ou qui en tient lieu.

Styracées. Famille de plantes dicotylédones ayant pour type le genre *Styrax*, créé par Tournefort. 6.

Sub. Synonyme de *Presque*. Souvent placé devant un adjectif.

Subapicilaire. Presque au sommet. Se dit du placenta lorsqu'il est fixé presque au sommet de la voûte ovarienne; de l'anthère lorsqu'elle donne attache au filet presque à sa partie supérieure.

Subéreux. De la substance du liége.

Submergés. S'applique aux feuilles des plantes aquatiques lorsqu'elles sont complétement sous l'eau.

Subpinnatifide. Se dit de la feuille presque pinnatifide.

Subulé. En forme d'alène. Se dit parfois de la forme du style et de certains poils.

Suc. Principe de végétation puisé dans la terre, dans l'air. Sucs propres, résines, sucs laiteux, vaisseaux dans lesquels ils circulent.

Succise. Racine succise, rhizome souterrain portant les cicatrices des feuilles des années précédentes.

Succulent. Qui est gonflé de suc; sarcocarpe des fruits charnus.

Suçoirs. On donne ce nom aux filaments qui se trouvent sur les griffes des plantes sarmenteuses et grimpantes.

Suffrutescent. Se dit des sous-arbrisseaux à base ligneuse, et dont la partie supérieure des tiges et les rameaux se renouvellent chaque année.

Supère. Placé au-dessus. On dit ovaire supère lorsque cet organe est complétement libre du calice qui est alors infère; et calice supère lorsque son tube étant soudé avec l'ovaire ses divisions le dominent.

Surdécomposée. Troisième classe et dernier degré des feuilles composées.

Suspendu. Se dit de l'ovule lorsqu'il est fixé au placenta par sa partie supérieure.

Sutural. Se dit du placenta fixé sur le trajet de la suture interne dans les fruits carpellaires.

Suture. Point de réunion des deux parties soudées, formé par une ligne verticale. Suture de la déhiscence d'une capsule, le trajet sur lequel elle se fait. Placenta sutural, qui est sur la suture.

Sycône Fruit composé d'un involucre charnu intérieurement, contenant une quantité de petites drupes comme le fruit du Figuier.

Synanthérées. Famille des Composées ou Synanthérées.

Synanthérie. Classe dixième de la Méthode naturelle de Jussieu, comprenant des plantes dicotylédones à corolle monopétale épigyne, à anthères soudées en tubes.

Syncarpe. Fruit composé du *Magnolia*, pour exemple.

Syngénèse. Se dit des fleurs propres à la famille des Composées dont les étamines ont leurs anthères soudées en tube.

Syngénésie. Dix-neuvième classe du système de Linné

Synonymie. Application de plusieurs noms à une même plante.

Synorhizes. On nomme ainsi les plantes chez lesquelles la radicule de l'embryon est soudée avec le périsperme.

Système. Se rapporte à l'accroissement des végétaux dicotylédons. Système central, qui se compose de l'étui médullaire et des couches ligneuses. Système cortical formé par l'écorce. Distribution méthodique des végétaux.

T

Tablier. Division inférieure de la fleur des Orchidées. On dit plus souvent Labelle.

Tacheté. Se dit d'une partie quelconque de la plante, particulièrement des feuilles lorsqu'elles sont maculées de taches d'une autre couleur.

Tamariscinées. Famille de plantes dicotylédones ayant pour type le genre *Tamarix.*

Taxonomie. Seconde division de la première branche de la Botanique, qui a pour objet la classification des végétaux d'après les lois établies sur les caractères et les fonctions de leurs organes.

Tegmen. Nom donné par Gaertner à la membrane ou lame interne du spermoderme.

Tégument. Enveloppe ou peau de la graine, spermoderme.

Tendu. Qui se porte en avant.

Térébinthacées. Famille de plantes dicotylédones laiteuses ou résineuses.

Terminale. Se dit d'une fleur qui termine une tige, d'une épine qui termine un rameau.

Terminologie. Qui traite des termes. Emploi abusif des termes techniques. Mot impropre appliqué autrefois à l'Organographie.

Ternées. Se dit des épines réunies par trois; des feuilles composées, à trois folioles; des fleurs qui naissent par trois au même point.

Ternstrœmiacées. Famille de plantes dicotylédones.

Testa. Nom donné par Gaertner à la lame externe du spermoderme.

Tête. Se dit de la disposition sphérique des fleurs au sommet de la tige; du stigmate globuleux.

Tétradyname. Se dit de la fleur qui porte six étamines dont deux plus courtes. Les Crucifères.

Tétradynamie. Quinzième classe du système de Linné, divisée en siliqueuses et siliculeuses.

Tétragone. Se dit de la tige qui porte quatre angles et quatre faces.

Tétragonées. Se dit des feuilles allongées et à quatre faces.

Tétragynie. Quatrième ordre du système de Linné comprenant les fleurs à quatre styles.

Tétrandre. Se dit des fleurs qui portent quatre étamines.

Tétrandrie. Quatrième classe du système de Linné.

Tétrapétale. S'applique à la corolle formée de quatre pétales.

Tétraphylle. A quatre divisions entières.

Tétrasépale. Calice à quatre sépales.

Tétrasperme. Fruit à quatre graines.

Thallus. Fronde ou feuille des Fougères.

Thymélées. Famille de plantes dicotylédones, qui a pour type indigène le genre *Daphne.*

Thyrse. Mode d'inflorescence. Assemblage de fleurs ramifiées sur un pédoncule commun et dont la forme est pyramidale.

Tige. Partie du végétal qui s'élève de la racine, se divise en rameaux et porte les feuilles et les fleurs. Elle prend le nom de tronc dans les végétaux ligneux ou arbres.

Tigelle. Partie de l'embryon intermédiaire aux corps radiculaire et cotylédonaire, qui ne devient ordinairement apparente que par la germination.

Tissu. Parenchyme. Tissu cellulaire.

Tomenteux. Se dit d'un corps qui est revêtu de poils mêlés, comme drapés. S'applique surtout aux tiges. Tige tomenteuse.

Tortueuse. S'applique à la racine et à la tige courbées inégalement en différents sens.

Torruleux. Se dit de l'ovaire, du fruit renflés sans articulation.

Traçante. S'applique à la tige qui pousse des stolons.

Trachées. Vaisseaux conducteurs de la séve; opinion de M. Mirbel. Vaisseaux aériens de Grew, formés d'une lame transparente argentine roulée en spirale.

Trachées fausses. On nomme fausses trachées les vaisseaux rayés ou fendus de de Candolle, conducteurs de la séve, comme les trachées, et consistant en tubes coupés de fentes horizontales.

Transparent. Mince, diaphane, qui donne passage à la lumière.

Transpiration. Fonction par laquelle la séve se purge, au moyen des pores de différents organes, des fluides aqueux qui lui sont inutiles. C'est par la face supérieure de la feuille que se fait la transpiration, l'exhalation, tandis que l'absorption se fait par la face inférieure.

Trapéziforme. En forme de trapèze ou quadrilatère, dont les côtés ne sont ni égaux ni parallèles.

Trapézoïde. S'applique à la feuille qui offre la configuration d'un trapèze à quatre côtés inégaux.

Trémandrées. Famille de plantes dicotylédones dont le port est à peu près semblable aux Bruyères, et qui sont originaires de la Nouvelle-Hollande.

Triakène. S'applique au fruit formé de trois akènes.

Triandres. Fleurs qui portent trois étamines, comme les Graminées, les Iris.

Triandrie. Troisième classe du système sexuel de Linné.

Triangulaire. Tige à trois angles. On dit aussi Trigone ou Triquètre. S'applique aussi au fruit à trois angles.

Triangulée. Adjectif de la feuille qui présente trois angles.

Tribu. Réunion de plusieurs genres d'une même famille dont le lien qui les unit est encore plus évident.

Trichotome. S'applique à la tige trifurquée, c'est-à-dire divisée en trois branches.

Trifide. A trois divisions peu profondes. Feuille, calice, involucre trifides.

Trifoliolées. Se dit des feuilles digitées quand elles portent au sommet du pétiole commun trois folioles.

Trigone. A trois gones ou angles.

Trigynie. Troisième ordre du système de Linné comprenant les fleurs à trois styles.

Trijuguées. On nomme ainsi les feuilles pennées qui sont composées de trois paires de folioles.

Trilobé. A trois lobes.

Triloculaire. A trois loges; s'applique à l'ovaire.

Trinervié. A trois nervures.

Tripartite. A trois divisions profondes.

Tripétale. A trois pétales.

Tripinnatife. Trois fois pinnatife; s'applique à la feuille dont les lobes sont deux fois lobés.

Triptère. A trois ailes. Se dit d'un calice qui présente trois appendices membraneux, analogues aux ailes.

Triquètre. A trois faces planes. Se dit des feuilles allongées en forme de prisme à trois faces.

Trisépale. A trois sépales; calice trisépale.

Trisperme. A trois graines; baie ou capsule trisperme.

Triterné. Feuilles, épines trois fois ternées.

Trivalve. S'applique à la capsule qui s'ouvre naturellement en trois valves.

Tronc. Tige principale des végétaux ligneux, dicotylédons, ramifiée à une distance plus ou moins considérable de la terre, en branches, rameaux, ramilles.

Tronqué. Qui termine brusquement, transversalement, comme si l'on avait retranché, tronqué.

Trophosperme. Placenta. Mot créé par C. Richard.

Tube. Tube du calice, de la corolle, du style. Vaisseaux ou tubes simples du tissu des végétaux qui servent à la circulation de la sève. Tubes poreux qui garnissent la face inférieure du chapeau des Bolets.

Tubercule. Bourgeon souterrain, solide, de plantes vivaces, donnant naissance à une ou plusieurs tiges selon qu'il est simple, multiple ou composé.

Tuberculée. Se dit d'une tige qui est tuberculée à sa base, qui naît d'un tubercule.

Tuberculeux. Rhizome qui a la forme d'un tubercule.

Tubéreuse. Plante tubéreuse qui porte des tubercules, comme le *Solanum tuberosum*, vulgairement nommé Pomme de terre.

Tubérifère. S'applique à la racine qui porte des tubercules sur différents points de sa longueur.

Tubulaire S'applique au tissu vasculaire des végétaux. Tissu vasculaire ou tubulaire.

Tubulé. Se dit du calice ou de la corolle dont le tube est allongé.

Tubuleux. Qui a la forme d'un tube. Vaisseaux tubuleux. On dit aussi Calice tubuleux lorsque le tube est très allongé et le limbe resserré.

Tunique. Se dit des écailles charnues qui, s'emboîtant les unes dans les autres, forment le bulbe. Bulbe en tunique, comme l'Oignon.

Turbiné. Se dit d'un calice dont la forme est celle d'un cône renversé.

Turion. Bourgeon souterrain qui naît d'une racine vivace et qui donne naissance à la tige. L'Asperge est un turion.

Typhacées. Famille de plantes monocotylédones, qui a pour type le genre *Typha* ou Roseau.

U

Unciforme. En forme de crochet.

Uncinée. S'applique à la feuille dont le sommet est terminé par une pointe en forme de crochet.

Uni. Placé devant un mot signifie : Un.

Uniflore. A une fleur : tige, pédoncule uniflores.

Unifoliolé Se dit des feuilles composées-digitées qui portent au sommet du pétiole une foliole articulée.

Unijuguée. S'applique à la feuille composée, oppositi-pennée, ou conjuguée, qui ne porte sur un pétiole commun qu'une seule paire de folioles.

Unilatéral. D'un seul côté, qui n'entoure que d'un seul côté.

Uniloculaire. Se dit d'un ovaire, d'un fruit, d'une anthère à une loge.

Unipaléacé. S'applique à l'enveloppe commune de l'épillet des Graminées ou Lépicène lorsqu'elle est formée d'une seule écaille ou paillette.

Unisérié. En une série. Se dit souvent des ovules lorsqu'ils sont disposés sur le placenta en une série.

Unisexuée. Se dit des fleurs qui n'ont qu'un sexe, mâle ou femelle, par opposition aux fleurs hermaphrodites.

Unisexuelles. Se dit de toutes les fleurs qui n'ont qu'un sexe. Classes vingt-une, vingt-deux, vingt-troisième du système de Linné.

Univalve. A une valve. Capsule qui s'ouvre en une seule valve.

Urcéolé. Renflé comme une outre, une cruche.

Urne. Sorte de capsule pédicellée propre aux Mousses, s'ouvrant horizontalement par un opercule et qui renferme les sporules.

Urticées. Famille de plantes dicotylédones, qui a pour type le genre *Urtica* ou Ortie.

Utriculaire. S'applique à la membrane qui recouvre les grains polliniques ou utricules, ainsi qu'à une sorte de glande en ampoule. Glande utriculaire.

Utricule. Grains polliniques. Glandes en forme d'ampoule. Petite capsule renfermant les sporules des plantes cryptogames.

V

Vaisseaux. Cellules allongées ou canaux coupés de diaphragmes et formées par des lames de tissu élémentaire roulées sur elles-mêmes. On distingue plusieurs sortes de vaisseaux : les vaisseaux simples ou tubes, les vaisseaux poreux, les vaisseaux mixtes, les trachées, les fausses trachées, les vaisseaux ponctués et les vaisseaux propres.

Vallécules. Intervalles déprimés des côtes principales des Ombellifères dans lesquels rampent les canaux colorés nommés bandelettes ou *vittæ*.

Valve. Espèce de panneau formé par la déhiscence de la capsule en une ou plusieurs parties ou valves.

Valvule. Petite valve. Mode de déhiscence de l'anthère du *Berberis*, qui se fait de bas en haut en deux petits panneaux ou valvules.

Variété. Se dit des individus d'une même espèce qui offrent quelques légères modifications dans leurs caractères spécifiques.

Vasculaire. Tissu vasculaire ou tubulaire. Modification secondaire du tissu élémentaire.

Vasiducte. Raphé.

Végétal. Être organisé, sans viscères, qui végète. Tout ce qui croît par la végétation.

Véhicule Se dit par rapport à l'air qui aide à l'action de la fécondation en transportant, souvent à des distances considérables, l'*Aura pollinaris*. L'air est le véhicule.

Velu. Couvert de poils fournis, longs et menus.

Ventru. Qui est renflé au milieu. Calice, tube de la corolle ventrus.

Verruqueux. Se dit d'un corps couvert de verrues.

Verticale. S'applique à la direction de la feuille sur la tige, de l'ovule sur le placenta ; direction verticale.

Verticille. Disposition des feuilles autour de la tige et des rameaux par séries horizontales ; en anneau.

Verticillées. S'applique aux feuilles et aux fleurs disposées en verticille, qui naissent plus de deux au même point de la tige ; en anneau.

Vésicules. Petites vessies nées du tissu cellulaire contenu dans l'anthère et qui se transforme en pollen.

Vésiculaire. De la nature d'une petite vessie. Glandes vésiculaires ou réservoirs qui se trouvent parfois dans certaines feuilles et que l'on peut voir en transparence.

Vésiculeux. S'applique surtout à un calice renflé et membraneux, comme celui du *Silene inflata.*

Vespertines. Se dit des fleurs qui s'épanouissent à l'heure du soir, où la chauve-souris sort de sa retraite et voltige dans les jardins.

Visqueux. Se dit de l'enduit qui recouvre certains grains de pollen. On distingue le pollen visqueux du pollen non visqueux.

Vittæ. Bandelettes, vaisseaux des sucs propres des Ombellifères.

Vivace. Se dit d'une plante qui vit un nombre indéterminé d'années.

Vivipare. On nomme ainsi les plantes sur lesquelles naissent, dans diverses parties, des bulbilles qui les reproduisent.

Volubile Se dit de la tige qui s'enroule en spirale, comme celle des *Convolvulus.*

Volute. Se dit des feuilles roulées en crosse ou volute.

Voûte. S'applique à la partie supérieure, interne de l'ovaire, que l'on nomme voûte ovarienne ; à la lèvre supérieure voûtée de la corolle bilabiée. Le filet de l'étamine est parfois voûté.

Vrille. Organe dégénéré ou avorté, se présentant sous la forme d'un appendice filiforme, allongé, simple ou rameux, qui s'enroule en spirale autour des végétaux ou les corps environnants, soutenant la plante sur laquelle il croît, comme la Vigne, la Bryone, etc.

Zanthoxylées. Famille de plantes dicotylédones à fleurs unisexuées.

Zygophyllées. Famille de plantes dicotylédones, créée par M. R. Brown.

FIN.

certaine. La construction grammaticale elle-même de l'art. 33 nous montre qu'il y a là deux dispositions distinctes : la peine n'est indiquée que pour l'une d'elles ; il n'est pas permis d'y suppléer. La seconde partie de l'article n'est pas d'ailleurs dépourvue de sanction ; et cette infraction à la loi (moins dangereuse que la première, puisqu'il s'agit seulement d'une vente au poids médicinal de drogues simples, et non plus de vente de préparations pharmaceutiques) sera punie par l'art. 6 de la déclaration de 1777, selon nous, ou par la loi de pluviôse, selon ceux qui pensent que la défense contenue dans l'art. 36 s'applique à toute personne et non aux seuls charlatans.

Un individu qui, sans être épicier ni droguiste, vendrait des drogues simples en gros, ne serait passible d'aucune peine : l'art. 33 n'a pas pour effet d'assurer un monopole, il se borne, après avoir défendu aux épiciers et aux droguistes de vendre des préparations pharmaceutiques, à ajouter qu'ils pourront continuer la vente en gros des drogues simples. Mais il est bien évident que si cet individu vendait ces drogues simples en détail, il serait, tout comme l'épicier et le droguiste, atteint par la déclaration de 1777, car il se rendrait coupable de débit au poids médicinal, mots employés, dit un arrêt de Cass. du 2 mars 1832, par opposition à la vente *en gros*. M. Chardin-Hadancourt, parfumeur, prévenu d'avoir vendu en gros de l'essence et de l'huile de copahu, soute-

ration de 1777),
Ainsi le fait, pa
vendre de la man
été répréhensible
dicinal.

La position de
minal, et par le
de ces dispositio
livrer au comme
certificat d'exam
un jury médica
médicinales; ce
où il veut s'ét
5 flor. an XI, a

L'herboriste d
maciens, les pl
parties usuelles
l'herboriste ne
les plantes ou p
tions ou prépa
tres, etc.) lui s
cice illégal de

Paris. — Imprimerie de L. MARTINET, rue Mignon, 2.

www.ingramcontent.com/pod-product-compliance
Lightning Source LLC
LaVergne TN
LVHW020039170826
845678LV00001B/334

* 9 7 8 2 3 2 9 6 8 9 0 2 9 *